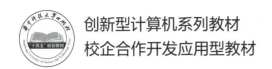

创新型计算机系列教材
校企合作开发应用型教材

Ubuntu Linux 操作系统项目教程

Ubuntu Linux Caozuo Xitong Xiangmu Jiaocheng

主　编 ◎ 练云翔　李东洋　王大豹
副主编 ◎ 吴　谭　陈伟伟　吕志铭　朱金祥　常卫东
　　　　黄剑文　戴开业　吴　倬　熊传玉　陈　林
　　　　白炳浪　李　桢　杨灵芝　周力强

中国·武汉

内 容 简 介

本书是以项目驱动、任务分解为核心教学方法的实践性教材,通过真实工作场景中的典型项目案例,系统讲解 Linux 操作系统的核心知识与实用技能,帮助读者从零基础逐步掌握 Ubuntu 操作系统的安装配置、命令行操作、系统管理、网络服务搭建及 Shell 脚本编程等关键技术。

本书分为 Linux 基础知识、Linux 操作系统管理、Linux 应用程序开发三大模块,共十一个教学项目。内容涵盖从 Linux 操作系统认知、Ubuntu 安装配置到系统命令操作,从文件磁盘管理、用户权限设置到网络服务器搭建,从 Shell 脚本编程、GCC 编译开发到多线程网络程序设计等完整技术链条。本书以 Ubuntu 24.04 为实施平台,通过 49 个实操任务将抽象理论转化为具体实践,每个任务包含操作目标、命令详解、案例演示和常见问题解析。特别注重职业能力培养,设置了虚拟机安装、软件包管理、SSH/FTP/NFS/Web 服务配置等真实工作场景项目,并融入 POSIX 标准、GPL 协议、源码编译等产业规范内容。

本书采用"任务描述—知识准备—操作步骤"的渐进式结构,配套丰富的命令示例和代码模板,既可作为计算机相关专业的核心课程教材,也可作为 Linux 工程师的岗前实训手册。

图书在版编目(CIP)数据

Ubuntu Linux 操作系统项目教程 / 练云翔,李东洋,王大豹主编. -- 武汉 : 华中科技大学出版社, 2025. 3. -- ISBN 978-7-5772-1736-9

Ⅰ. TP316.89

中国国家版本馆 CIP 数据核字第 202577KP06 号

Ubuntu Linux 操作系统项目教程	练云翔　李东洋　王大豹　主编

Ubuntu Linux Caozuo Xitong Xiangmu Jiaocheng

策划编辑：	汪　粲
责任编辑：	余　涛
封面设计：	廖亚萍
责任监印：	曾　婷
出版发行：	华中科技大学出版社(中国•武汉)　　电　话：(027)81321913
	武汉市东湖新技术开发区华工科技园　　邮　编：430223
录　　排：	武汉市洪山区佳年华文印部
印　　刷：	武汉科源印刷设计有限公司
开　　本：	787mm×1092mm　1/16
印　　张：	17
字　　数：	367 千字
版　　次：	2025 年 3 月第 1 版第 1 次印刷
定　　价：	59.80 元

本书若有印装质量问题,请向出版社营销中心调换
全国免费服务热线：400-6679-118　　竭诚为您服务
版权所有　侵权必究

前言

在当今数字化飞速发展的时代，Linux 操作系统凭借其开源、稳定、安全等显著特性，已成为计算机领域中不可或缺的重要力量。Linux 操作系统广泛应用于服务器、嵌入式系统、云计算等众多领域，为各类复杂应用提供了坚实可靠的基础支撑。对于广大计算机从业者、爱好者以及相关专业学生而言，掌握 Linux 操作系统不仅是提升个人技能的关键，更是适应行业发展需求的必备能力。

Ubuntu 是一个以桌面应用为主的 Linux 发行版操作系统，以其友好的用户界面、丰富的软件资源和强大的社区支持，深受广大用户的喜爱。特别是 Ubuntu 24.04 版本，在继承前代版本优点的基础上，进一步优化了系统性能，提升了安全性，为用户带来了更加流畅、高效的使用体验。无论是初学者入门学习，还是专业人士进行项目开发，Ubuntu 24.04 都能提供出色的支持。

本书面向在校计算机相关专业的学生，以及对 Linux 操作系统感兴趣的自学者。对于在校学生而言，本书可作为专业课程的教材，帮助他们系统地学习 Ubuntu Linux 操作系统的相关知识，掌握实际操作技能，为今后从事相关领域的工作打下坚实的基础。对于自学者来说，本书内容丰富、讲解详细，通过一个个实际项目的引导，能够让他们逐步深入了解 Linux 操作系统，轻松入门并不断提升。

本书共分为三个部分，每个部分包含多个项目，全面且系统地介绍了 Ubuntu Linux 操作系统的相关知识。第一部分"Linux 基础知识"包括了项目一～项目四。项目一"认识 Linux 操作系统"详细介绍了 Linux 的起源、发展历史、应用领域、基本思想以及与其他操作系统的比较，让读者对 Linux 操作系统有一个全面的认识；项目二"安装 Ubuntu 操作系统"指导读者完成 Ubuntu 操作系统的安装，包括安装前的准备、硬件要求、硬盘分区以及在虚拟机上的安装过程；项目三"熟练使用 Linux 基本命令"和项目四"熟悉使用 vi 编辑器"重点讲解了 Linux 操作系统中的常用命令和 vi 编辑器的使用方法，帮助读者掌握 Linux 操作系统的基本操作技能。

第二部分"Linux 操作系统管理"涵盖了文件与磁盘管理、用户与权限管理、软件管理、网络管理和服务器管理等多个方面。通过项目五～项目九的学习，读者将学会如何进行文件和磁盘的管理、用户与权限的设置、软件的安装与卸载、网络的配置以及常见服务器的搭建与管理，从而具备 Linux 操作系统管理的基本能力。

第三部分"Linux 应用程序开发"，包括了项目十～项目十一。项目十"Shell 程序设计"

介绍了 Shell 脚本的建立、运行，Shell 变量、表达式和控制结构，让读者能够编写简单的 Shell 脚本实现自动化任务；项目十一"GCC 的 C 程序设计"深入讲解了使用 GCC 进行 C 程序开发的方法，包括多线程编程、文件操作和网络通信编程等内容，帮助读者掌握 Linux 平台上的应用程序开发技能。

为了方便读者学习，本书配备了丰富的课程资料，包括 PPT 课件、工具软件、微课视频、配套源代码等。这些资源能够帮助读者更加直观地理解书中的知识点，提高学习效率，增强学习效果。希望本书能够成为读者学习 Ubuntu Linux 操作系统的得力助手，引领读者走进 Linux 的精彩世界。

编　者

2025 年 1 月

目录

第一部分 Linux 基础知识

项目一 认识 Linux 操作系统 3

1.1 任务 1 认识 Linux 操作系统 /3
    1.1.1 什么是 Linux /4
    1.1.2 Linux 的发展历史 /4
    1.1.3 Linux 的应用领域 /7
    1.1.4 Linux 的基本思想 /8
    1.1.5 POSIX 标准 /8

1.2 任务 2 了解 Linux 的特点与构成 /9
    1.2.1 Linux 的特点 /9
    1.2.2 Linux 的构成 /11
    1.2.3 Linux 与其他操作系统的比较 /12

1.3 任务 3 学习 Linux 的版本 /14
    1.3.1 Linux 内核版本 /14
    1.3.2 GPL 与 LGPL /14
    1.3.3 Linux 发行版本 /15
    1.3.4 Ubuntu 24.04 介绍 /16

1.4 任务 4 了解 Linux 图形用户界面 /16
    1.4.1 X Window 系统概述 /16
    1.4.2 GNOME /17
    1.4.3 KDE /18

项目二　安装 Ubuntu 操作系统　19

- 2.1　任务 1　操作系统安装准备　/19
  - 2.1.1　安装前的准备　/19
  - 2.1.2　硬件要求　/23
  - 2.1.3　硬盘分区　/23
- 2.2　任务 2　在虚拟机上安装 Ubuntu 操作系统　/24
  - 2.2.1　虚拟机软件概述　/24
  - 2.2.2　安装 Virtualbox　/26
  - 2.2.3　Ubuntu 操作系统安装过程　/31
- 2.3　任务 3　首次进入 Ubuntu 操作系统　/42
  - 2.3.1　登录和退出系统　/42
  - 2.3.2　查看系统的硬件信息　/45
  - 2.3.3　软件的图形化安装和卸载　/47
  - 2.3.4　在 Ubuntu 上使用 root 用户　/48

项目三　熟练使用 Linux 基本命令　50

- 3.1　任务 1　熟悉 Linux 命令基础　/51
  - 3.1.1　虚拟控制台　/51
  - 3.1.2　命令提示符　/51
  - 3.1.3　命令的基本格式　/52
- 3.2　任务 2　熟悉目录操作命令　/53
  - 3.2.1　ls 命令　/53
  - 3.2.2　cd 命令　/56
  - 3.2.3　mkdir 命令　/59
  - 3.2.4　rmdir 命令　/61
- 3.3　任务 3　熟悉文件操作命令　/62
  - 3.3.1　touch 命令　/62
  - 3.3.2　stat 命令　/64
  - 3.3.3　cat 命令　/65
  - 3.3.4　more 命令　/67
  - 3.3.5　less 命令　/68
  - 3.3.6　head 命令　/69

3.3.7　tail 命令　/ 71
　　　3.3.8　ln 命令　/ 72
3.4　任务 4　熟悉帮助命令　/ 78
　　　3.4.1　man 命令　/ 78
　　　3.4.2　info 命令　/ 83
　　　3.4.3　help 命令　/ 84
3.5　任务 5　熟悉搜索命令　/ 85
　　　3.5.1　whereis 命令　/ 85
　　　3.5.2　which 命令　/ 86
　　　3.5.3　locate 命令　/ 87
　　　3.5.4　find 命令　/ 89
3.6　任务 6　熟悉压缩与解压命令　/ 94
　　　3.6.1　压缩文件概述　/ 94
　　　3.6.2　zip 格式　/ 95
　　　3.6.3　gz 格式　/ 97
　　　3.6.4　bz2 格式　/ 99
　　　3.6.5　tar 格式　/ 102
　　　3.6.6　tar.gz 格式和 tar.bz2 格式　/ 104
3.7　任务 7　熟悉关机与重启命令　/ 107
　　　3.7.1　shutdown 命令　/ 107
　　　3.7.2　reboot 命令　/ 108
　　　3.7.3　halt 命令和 poweroff 命令　/ 108

项目四　熟悉使用 vi 编辑器　109

4.1　任务 1　了解 vi 的基本概念　/ 109
4.2　任务 2　熟悉 vi 编辑器的基本操作　/ 110
　　　4.2.1　使用 vi 编辑文件　/ 111
　　　4.2.2　操作命令行模式　/ 111
　　　4.2.3　操作末行模式　/ 112

第二部分　Linux 操作系统管理

项目五　文件与磁盘管理　117

5.1　任务1　了解文件系统类型　/ 117
　　5.1.1　Linux 文件系统的发展　/ 117
　　5.1.2　Linux 文件系统的分类　/ 118
　　5.1.3　Linux 文件系统的特点　/ 118
5.2　任务2　认识文件系统的目录结构　/ 119
5.3　任务3　使用文件和目录管理命令　/ 121
　　5.3.1　rm 命令　/ 121
　　5.3.2　cp 命令　/ 122
　　5.3.3　mv 命令　/ 125
5.4　任务4　了解常见设备种类　/ 127
　　5.4.1　mknod 命令　/ 127
　　5.4.2　常见设备种类　/ 128
5.5　任务5　物理格式化磁盘　/ 128
　　5.5.1　mkfs 命令　/ 129
　　5.5.2　mkfs.ext2 命令　/ 130
　　5.5.3　mkfs.ext3 命令　/ 130
　　5.5.4　mkfs.ext4 命令　/ 131
　　5.5.5　mke2fs 命令　/ 132
5.6　任务6　创建文件系统　/ 133
　　5.6.1　fdisk 命令的简介　/ 133
　　5.6.2　fdisk 命令的使用　/ 134
5.7　任务7　挂载文件系统　/ 136
　　5.7.1　mount 命令的简介　/ 136
　　5.7.2　mount 命令的使用　/ 136
5.8　任务8　卸载文件系统　/ 137
　　5.8.1　umount 命令的简介　/ 138
　　5.8.2　umount 命令的使用　/ 138

项目六　用户与权限管理　139

6.1　任务1　用户与权限管理概述　/ 139

6.2 任务2　管理用户账号　/140
　　6.2.1　useradd 命令创建用户　/140
　　6.2.2　userdel 命令删除用户　/141
　　6.2.3　usermod 命令修改用户信息　/141
6.3 任务3　管理用户密码　/142
　　6.3.1　passwd 命令的简介　/142
　　6.3.2　passwd 命令的使用　/142
6.4 任务4　管理用户组　/144
　　6.4.1　groupadd 命令创建用户组　/144
　　6.4.2　groupdel 命令删除用户组　/145
　　6.4.3　groupmod 命令修改用户组信息　/146
6.5 任务5　查询用户信息　/146
　　6.5.1　who 命令查看当前登录用户　/146
　　6.5.2　id 命令查看用户详细信息　/147
6.6 任务6　管理权限　/149
　　6.6.1　chmod 命令改变文件或目录权限　/149
　　6.6.2　chown 命令改变文件或目录所有者　/150

项目七　软件管理　152

7.1 任务1　软件管理概述　/152
7.2 任务2　熟悉 deb 软件包管理命令　/153
　　7.2.1　dpkg 命令简介　/153
　　7.2.2　dpkg 命令的使用　/153
7.3 任务3　熟悉 APT 软件包管理工具　/155
　　7.3.1　apt-get 命令　/156
　　7.3.2　apt-cache 命令　/158
7.4 任务4　熟悉源码软件包管理命令　/161
　　7.4.1　configure 脚本　/162
　　7.4.2　make 命令　/164

项目八　网络管理　168

8.1 任务1　网络管理概述　/168

8.2 任务2 基于图形界面的网络管理 /169
8.3 任务3 基于命令行的网络管理 /171
 8.3.1 ifconfig 命令 /171
 8.3.2 ifup 与 ifdown 命令 /174
 8.3.3 ping 命令 /175
 8.3.4 netstat 命令 /176

项目九 服务器管理 179

9.1 任务1 管理与配置 SSH 服务 /180
 9.1.1 SSH 概述 /180
 9.1.2 安装和配置 SSH /180
 9.1.3 SSH 远程登录 /183
9.2 任务2 管理与配置 FTP 服务 /186
 9.2.1 FTP 概述 /186
 9.2.2 安装和配置 FTP /186
 9.2.3 访问 FTP 服务器 /187
9.3 任务3 管理与配置 NFS 服务 /188
 9.3.1 NFS 概述 /188
 9.3.2 安装和配置 NFS /189
 9.3.3 挂载 NFS 服务器目录 /191
9.4 任务4 管理与配置 Web 服务 /194
 9.4.1 Web 服务概述 /194
 9.4.2 安装与配置 Apache /195
 9.4.3 访问 Web 站点 /197

第三部分 Linux 应用程序开发

项目十 Shell 程序设计 201

10.1 任务1 建立与运行 Shell 脚本 /201
 10.1.1 Shell 脚本的概述 /201
 10.1.2 Shell 脚本的建立 /202
 10.1.3 Shell 脚本的运行 /202

10.2 任务2 熟悉Shell变量 /203
    10.2.1 变量的定义和使用 /203
    10.2.2 环境变量 /204
    10.2.3 特殊变量 /205
10.3 任务3 熟悉Shell表达式 /205
10.4 任务4 熟悉Shell控制结构 /207
    10.4.1 条件语句 /207
    10.4.2 分支语句 /209
    10.4.3 循环语句 /210

项目十一 GCC的C程序设计 213

11.1 任务1 了解GCC /213
    11.1.1 GCC简介 /213
    11.1.2 Makefile文件 /215
    11.1.3 简单的C程序编程 /216
    11.1.4 多个文件的C程序编程 /217
11.2 任务2 多线程C程序设计 /219
    11.2.1 线程的基本概念 /219
    11.2.2 线程的创建 /219
    11.2.3 线程的互斥 /223
    11.2.4 线程的取消 /227
11.3 任务3 文件操作C程序设计 /230
    11.3.1 文件操作的基本概念 /230
    11.3.2 文件操作相关的系统调用 /231
    11.3.3 标准I/O库 /236
11.4 任务4 网络通信C程序设计 /242
    11.4.1 Socket套接字简介 /242
    11.4.2 基于TCP的网络通信程序设计 /247
    11.4.3 基于UDP的网络通信程序设计 /252

参考文献 257

第一部分
Linux基础知识

项目一 认识 Linux 操作系统

本项目将引导学生初步了解 Linux 操作系统,包括其起源、发展历程、核心特点、系统构成以及常见的图形用户界面。通过本项目的学习,将建立起对 Linux 操作系统的基本认识,为后续深入学习 Linux 命令、系统管理、网络服务配置等高级内容打下坚实的基础。

● 【学习目标】

1. 知识目标
- 了解 Linux 操作系统的起源和发展历程。
- 掌握 Linux 操作系统的核心特点,如开源性、多用户多任务、良好的网络支持等。
- 认识 Linux 操作系统的基本构成,包括内核、Shell、文件系统、应用程序等。
- 熟悉 Linux 操作系统中常见的图形用户界面及其特点。

2. 技能目标
- 能够识别并描述 Linux 操作系统的基本特征。
- 能够区分 Linux 操作系统的不同版本及其适用场景。
- 能够使用 Linux 操作系统的图形用户界面进行基本操作。

3. 思政目标
- 激发学生的技术创新意识和国家安全意识。
- 鼓励学生保持好奇心,培养终身学习的习惯,紧跟技术前沿。
- 引导学生理解创新的重要性,鼓励学生在学习和生活中勇于尝试、敢于创新。

1.1 任务 1 认识 Linux 操作系统

Linux 操作系统基于开源软件思想所产生,而且促进了开源软件技术的发展,这种先进的软件设计思想引领着全球软件业的变革,为软件技术的发展带来了强劲的动力。随着 Linux 操作系统的发展和广泛应用,目前 Linux 操作系统已经占据了绝大多数嵌入式系统和 PC 服务器的市场份额,其桌面系统的普及率也逐年上升。

1.1.1 什么是 Linux

Linux,实际上是一种广泛使用的操作系统,它属于类 UNIX 操作系统,并且免费供用户使用和自由传播。Linux 是一个真正的基于 POSIX 和 UNIX 标准的多用户、多任务操作系统,它支持多线程和多 CPU 架构。该系统不仅可以在如 Intel、AMD 和 Cyrix 系列的个人计算机上顺畅运行,还兼容 DEC Alpha、SUN SPARC 等多种工作站平台。Linux 继承了UNIX 操作系统的核心特性,拥有出色的信息处理能力,并且作为一个性能稳定的网络操作系统,在 Internet 和 Intranet 应用中占据了主导的地位。

1.1.2 Linux 的发展历史

在 1991 年,一位默默无闻的芬兰研究生购入了他的首台个人计算机,并突发奇想地决定自主开发一个全新的操作系统。这一想法的萌芽相当偶然,起初仅仅是为了满足他个人阅读和编写新闻以及处理邮件的需求。为了实现这一目标,这位芬兰研究生选定了 Minix 作为他的研究蓝本。Minix 是由荷兰教授 Andrew S. Tanenbaum 开发的一个开源模型操作系统,最初仅作为教学和研究之用。

这位名叫 Linus Torvalds 的研究生,不仅迅速编写了自己的磁盘驱动程序和文件系统,还慷慨地将源代码分享至互联网。他将这个操作系统命名为 Linux,意即"Linus 的 Minix"。然而,Linus 可能从未预见到,这个内核会在全球范围内迅速引起广泛的关注。得益于社区开发的强大动力,Linux 在短短数年间展现出了惊人的生命力。终于,在 1994 年,Linux 内核的 1.0 版本正式问世。

如今,Linux 已获得了众多 IT 巨头的支持,并成为他们重要战略规划中的核心元素。一个非营利性的操作系统项目能够如此持久地存在,并最终发展成为在各行业中具有巨大影响力的产品,这本身就是一个令人赞叹的成就。在深入探讨这些现象背后的原因之前,让我们先来看一下 Linux 与 UNIX 之间的关系,因为这两个术语经常使人感到困惑。

1. UNIX 操作系统介绍

UNIX,作为早期广泛应用的计算机操作系统之一,起源于 1969 年的 Bell 实验室,并在 1975 年正式向公众发布。自 1976 年开始,UNIX 的应用范围不仅局限于 Bell 实验室内部,还扩展到了诸多其他领域,特别是在各大高校中得到了广泛的应用。UNIX 的发展过程如表 1-1 所示。

表 1-1 UNIX 发展历程表

时间	发展历程
1969 年	UNIX 诞生于 Bell 实验室
1971 年	UNIX 的第 1 版诞生,Bell 实验室专利局成为第一个用户

续表

时间	发展历程
1972 年	UNIX 的第 2 版诞生,此版本增加了一些新的特征:管道、支持编程语言、开始尝试用 NB(NB 是 C 语言的前身)编写内核
1973 年	UNIX 第 4 版诞生,内核和外壳用 C 语言重写而成
1975 年	UNIX 第 6 版诞生,开始向政府和商业用户发行使用许可证
1979 年	BSD 3.0 诞生,加入了对虚拟内存和按需分页的支持,它的主要设计目标是能运行所需内存比物理内存大的进程
1983 年	System V 第 1 版诞生,AT&T 宣布正式支持该系统
1984 年	X/Open 集团是第一个发起指定 UNIX 标准环境的组织
1991 年	HP-UX 8.0 诞生
1997 年	HP-UX 11.0 诞生,遵从 SVID 4 和 POSIX.2。在对 64 位应用程序的支持方面符合 IA64 标准,实现内核线程化

UNIX 作为一个强大的多用户、多任务操作系统,不仅支持多样化的处理器架构,还因其技术成熟、可靠性高、强大的网络和数据库功能、卓越的伸缩性,以及开放的特性,满足了各行各业的实际需求,尤其在企业重要业务领域发挥着关键作用。它已成为主要的工作站平台和不可或缺的企业操作平台。

随着时间的推移,UNIX 已发展出多个分支,包括 SCO、SUN Solaris、BSD、FreeBSD 和 Minix 等,这些都可以被归类为 UNIX 的衍生系统。其中,SCO 和 SUN Solaris 等版本是商业收费的,而 Minix 则主要用于教学目的。至于 FreeBSD,尽管对个人用户而言,它通常是免费的,但也可能存在某些特定服务或支持收费的情况。

2. Linux 操作系统介绍

Linus Torvalds 最初创建的系统内核命名为"Linus' Minix",意在表达这是 Linus 基于 Minix 内核的系统。随后他将其更名为 Linux。在 Linux 的发展过程中,Linus Torvalds 在原先简单的任务切换机制上进行了扩展,并在众多热心支持者的协助下,成功开发和推出了 Linux 的第一个稳定工作版本。

1991 年 11 月,Linux 0.10 版本正式亮相。紧接着,在同年 12 月,0.11 版本问世,并被发布到互联网上供人们免费使用。随着 Linux 逐渐成为一个可靠且稳定的系统,Linus 甚至将 0.13 版本重新命名为 0.95 版,以突显其接近成熟的状态。

到了 1994 年 3 月,Linux 1.0 版本正式推出,这标志着 Linux 已经成为一个独立的、成熟的操作系统,并得到了广泛认可。截至那时,Linux 的用户基数已经显著增长,同时,其核心开发团队也逐步建立起来。

Linux 最初是作为 i386 系统上独立编写的 UNIX 内核的克隆而诞生的,其主要目标在于充分利用当时崭新的 i386 架构。如今 Linux 几乎能够运行在所有现代架构之上，这一转变归功于全球范围内众多开发者的辛勤工作和持续贡献。

不仅在技术层面，Linux 内核占据了显著的地位，其在软件理念上也有着不可或缺的重要性。许多人深信自由软件的理念，并投入大量时间和精力来完善开源技术。正是这些贡献者推动了众多标准委员会的工作，这些委员会规范了 Internet 的发展，并催生了如 Mozilla 基金会（负责创建 Mozilla Firefox）等组织，以及无数对人们生活产生深远影响的软件项目。

Linux 所代表的开源精神，正在全球范围内深刻影响着软件开发者和用户。这种精神激励着各个社区朝着共同的目标前进，共同推动技术的创新和发展。

3. GNU 介绍

严格来说，Linux 本身仅仅是一个内核，而非完整的操作系统。在现代语境中，我们习惯用"Linux"来指代基于 Linux 内核，并结合 GNU 项目提供的各种工具和数据库的完整操作系统。这种整合了 Linux 内核与 GNU 软件的软件系统，我们称之为"Linux 发行版"。

众多基于 Linux 内核的操作系统，如大多数主流版本，都广泛使用了 GNU 软件，这其中包括 Shell 程序、开发工具、程序库、编译器以及像 Emacs 这样的应用程序。鉴于 Linux 对 GNU 软件的广泛依赖，GNU 计划的创始人 Richard Stallman 博士曾建议将这一操作系统更名为 GNU/Linux。

不过，在实际使用中，许多人仍然简单地称之为"Linux"。尽管有部分 Linux 发行版，如 Debian，采用了"GNU/Linux"的命名方式，但大多数商业 Linux 发行版仍沿用"Linux"这一称呼。

另外，也有人认为"操作系统"一词应仅指代系统的核心部分，即内核，而其他程序则应归类为应用软件。若按照这一理解，Linux 内核作为操作系统的核心，应被单独称为 Linux，而完整的 Linux 操作系统则是在 Linux 内核的基础上集成了各种 GNU 工具和应用软件。

自 1983 年启动以来，GNU 计划一直致力于开发一个自由且完整的类 UNIX 操作系统，涵盖软件开发工具和各种应用程序。由于 GNU 软件的质量超越了许多之前的 UNIX 操作系统软件，因此它在众多 UNIX 操作系统上得到了广泛安装。此外，GNU 工具也被成功移植到 Windows 和 Mac OS 等平台上。

到 1991 年 Linux 内核发布时，GNU 已经几乎完成了除内核外的所有必需软件的开发。在 Linus 及其他开发人员的努力下，这些 GNU 组件能够成功运行在 Linux 内核之上。值得注意的是，尽管整个项目遵循 GNU 通用公共许可证（GPL），但 Linux 内核本身并不属于 GNU 计划的一部分。

4. Linux 与 UNIX 的区别

Linux 与 UNIX 之间的显著区别在于它们的软件许可和开发模式。Linux 是一款开放源代码的自由软件，允许用户享有高度的自主权，并且其开发过程是在一个完全开放的环境中进行的,任何人都可以访问和贡献代码。相比之下,UNIX 则是一种传统商业软件,其源代码受到知识产权保护,用户通常只能被动地适应其系统,且其开发过程相对封闭,只有特定的开发人员才能接触到产品原型。

此外,UNIX 操作系统通常与特定的硬件配套使用,而 Linux 则具有出色的跨平台性,可以在多种不同的硬件平台上运行。这一特点进一步彰显了 Linux 的自由度和灵活性。

Linux 的起源可以追溯到最古老的 UNIX。尽管 Linux 在设计和功能上深受 UNIX 的影响,继承了 UNIX 的许多优秀特性,但 Linux 并未直接包含 UNIX 的源代码。因此,Linux 被视为一个类 UNIX 的操作系统,因为它在许多方面与 UNIX 相似且共享共同的特征。

Linux 的开发遵循了公开的 POSIX 标准,这是为了确保其兼容性和跨平台性。此外,Linux 的构建大量依赖于由麻省理工学院剑桥自由软件基金会(FSF)开发的 GNU 软件,这些软件为 Linux 提供了丰富的功能和工具集,同时也构成了 Linux 操作系统的基础架构。

1.1.3　Linux 的应用领域

Linux 主要应用于服务器环境,但凭借其低成本、高度灵活性和深厚的 UNIX 开发背景,如今已能够在更广泛的领域展现其应用价值。

1. 网络服务器

Linux 继承了 UNIX 操作系统高稳定性的特质,并凭借其强大的网络功能,在服务器领域表现出色。由于 GNU 计划与 Linux 所遵循的 GPL(GNU 通用公共许可证)授权模式,众多出色的软件得以在 Linux 平台上蓬勃发展,且这些服务器软件绝大多数都是自由软件。这使得 Linux 成为一个理想的网络服务器解决方案,能够轻松应对 WWW 服务器、邮件服务器、文件服务器、FTP 服务器等多种网络应用需求。

2. 桌上型计算机

桌上型计算机,即我们常说的台式机或笔记本电脑,是我们日常在家庭或办公室中使用的主要计算设备。其功能丰富多样,包括上网浏览、文书处理、使用网络公文处理系统、操作办公室软件以处理数据,以及收发电子邮件等。这些功能的顺畅运行都依赖于直观的窗口接口,因为它为用户提供了直观的操作体验,缺少这样的接口将给用户带来极大的不便。

由于 Linux 操作系统最初是由工程师主导开发的,其设计初衷更多的是满足高效和稳定的需求,而不是追求图形界面的亲和性,因此它在某些方面可能显得对普通用户不太友好。

随着 Linux 的普及和受欢迎程度的提升,其稳定且低成本的特点吸引了越来越多的原始设备制造商(OEM)在其销售的计算机上预装 Linux 操作系统。这也使得 Linux 的用户群体逐渐扩大,包括越来越多的普通计算机用户。因此,Linux 操作系统正在逐步蚕食桌面计算机操作系统市场,成为一个不可忽视的竞争对手。

3. 工作站计算机

工作站计算机与服务器的主要区别在于网络服务的功能。工作站计算机本身并不设计用于提供 Internet 服务(但可以在局域网内提供服务)。与此同时,工作站计算机与普通的桌上型计算机也存在差异,它通常用于处理更为重要的公务应用,如工程领域的流体力学数值模式运算、娱乐行业的特效功能处理,以及软件开发者的专业工作平台等。

Linux 因其强大的运算能力和对 GCC 编译软件的广泛支持,成为工作站计算机中一个相当优秀的操作系统。它能够有效地应对各种复杂的工作任务,提供稳定可靠的环境支持。

4. 嵌入式系统

Linux 作为服务器操作系统备受青睐,其广泛受欢迎的原因之一在于其核心的可变动性和精致小巧的设计。这些特点使得 Linux 在嵌入式计算机市场中占据显著优势,并赢得了用户的广泛赞誉。尽管使用 Linux 的初期成本主要涉及移植、培训和学习等方面的费用,这在早期由于专业人才的稀缺而相对较高。但随着 Linux 的普及度不断提升,这些成本正在逐渐降低,使得 Linux 成为更加经济高效的选择。

1.1.4 Linux 的基本思想

在当今社会,越来越多的人选择学习 Linux,但许多人可能并不清楚学习 Linux 的真正意义所在。实际上,学习 Linux 最为关键的一点在于深入理解和掌握其背后的编程思想。

Linux 的核心理念主要体现在两个方面:首先,它秉持"一切都是文件"的原则,这意味着在 Linux 操作系统中,无论是命令、硬件设备、软件、操作系统还是进程,都被抽象为具有各自特性或类型的文件;其次,Linux 强调每个软件都有其特定的用途,这是其设计的重要原则之一。

而 Linux 与 UNIX 之间的紧密联系,在很大程度上源于两者在这些核心理念上的高度相似性。这种相似性使得 Linux 在继承 UNIX 优良传统的同时,也为其赢得了广泛的认可和应用。

1.1.5 POSIX 标准

POSIX(portable operating system interface,可移植操作系统接口),是一套定义了操作系统应为应用程序提供的接口标准的集合。这一标准由 IEEE 制定,旨在为在多种 UNIX 操作系统上运行的软件提供一致的 API 标准,其正式编号为 IEEE 1003,而在国际标准中的名称为 ISO/IEC 9945。

POSIX 标准的诞生与 UNIX 操作系统的发展紧密相连。由于不同开发商在 UNIX 的开发上各自为战,导致了 UNIX 环境的混乱。为了改善这一状况,提升 UNIX 环境下应用程序的可移植性,POSIX 标准应运而生。POSIX 并不局限于 UNIX 操作系统,许多其他操作系统,如 DEC OpenVMS,也支持 POSIX 标准。POSIX.1 标准已被国际标准化组织(ISO)采纳,并被正式命名为 ISO/IEC 9945-1:1990 标准。

常见的 POSIX 标准如表 1-2 所示。

表 1-2　POSIX 标准表

编号	含义
1003.0	管理 POSIX 开放式系统环境(OSE)。IEEE 在 1995 年通过了这项标准
1003.1	被广泛接受、用于源代码级别的可移植性标准
1003.1b	一个用于实时编程的标准(以前的 P1003.4 或 POSIX.4)
1003.1c	一个用于线程(在一个程序中当前被执行的代码段)的标准
1003.1g	一个关于协议独立接口的标准
1003.2	一个应用于 Shell 和工具软件的标准
1003.2d	改进的 1003.2 标准
1003.5	一个相当于 1003.1 的 Ada 语言的 API
1003.5b	一个相当于 1003.1b(实时扩展)的 Ada 语言的 API
1003.5c	一个相当于 1003.1g(协议独立接口)的 Ada 语言的 API
1003.9	一个相当于 1003.1 的 FORTRAN 语言的 API
1003.10	一个应用于超级计算应用环境框架(application environment profile, AEP)的标准
1003.13	一个关于应用环境框架的标准
1003.22	一个针对 POSIX 的关于安全性框架的指南
1003.23	一个针对用户组织的指南
2003	通过标准化关键系统接口,巩固了 UNIX-like 系统的兼容性,并为现代操作系统功能(如大文件、多线程)提供了权威规范
2003.1	这个标准规定了针对 1003.1 的 POSIX 测试方法的提供商要提供的一些条件
2003.2	一个定义了被用来检查与 IEEE 1003.2 是否符合的测试方法的标准

1.2　任务 2　了解 Linux 的特点与构成

1.2.1　Linux 的特点

Linux 作为一款功能强大且全面的操作系统,一旦您深入学习并体验其魅力,必定会为之倾倒。那么,究竟是什么让众多开发者对 Linux 如此着迷,以至于无法自拔呢?接下来,我们将一同探寻 Linux 最引人瞩目的特点。

1. Linux 是免费的

比起 Windows 之类的操作系统,优势一目了然。

2. 支持多用户多任务,用户界面良好

现代操作系统的一个显著特点是支持多用户多任务处理。尽管早期的 Linux 在图形用户界面方面与 Windows 相比存在一定的差距,但如今这种差距已经变得微乎其微。而命令行界面一直是 UNIX 操作系统,包括 Linux 在内的一大优势。

3. 支持多处理

Linux 操作系统不仅兼容单处理器环境,还广泛支持先进的体系结构,如对称多处理(SMP)技术,这涵盖了现今流行的多核芯片,以及非一致存储访问(NUMA)架构。此外,在集群计算领域,Linux 同样扮演着举足轻重的角色。

4. 良好的可移植性

可移植性是指一个系统能够在不同平台间迁移,而依然能够按照其原有方式运行的能力。Linux 正是一种具备高度可移植性的系统,它能够在从微型计算机到大型计算机的各类环境中,以及任何平台上稳定运行。这种可移植性为运行 Linux 的不同计算机平台提供了与其他任何机器进行精确、有效通信的能力,无需额外添加任何特殊的或昂贵的通信接口。

5. 完全可定制,从而灵活应用于各种不同场合

Linux 内核提供了上千个编译选项,赋予了用户极大的灵活性。用户可以根据实际需求选择相应的功能,将内核裁剪成极小体积,以适配嵌入式设备,或者定制功能丰富的服务器级别内核。此外,如果用户有特定的需求,他们甚至可以亲自对内核进行修改以满足个性化要求。

6. 提供了丰富的网络功能

Linux 的发展本身就得益于 Internet 的广泛应用,因此它在通信和网络功能方面的支持也尤为出色,超越了其他操作系统。Linux 不仅支持通用的网络技术,如以太网、无线网和蓝牙技术,而且还兼容一些不太常见的网络协议,如 DECnet 和 Acorn Econet,展现了其广泛的网络兼容性。

7. 性能出色且安全稳定

Linux 内核开发者始终将性能视为设计的核心考量,这一点在众多性能测试中得到了充分验证,证明了 Linux 的高效性。正因为 Linux 能够连续稳定运行数月甚至数年而无需重启,许多服务器选择基于 Linux 平台构建。在安全性能方面,Linux 采取了包括权限控制、审计跟踪、授权机制在内的多项安全技术措施,并且配备了功能强大且高效的 Netfilter/Iptables 防火墙,可以有效抵御非法入侵。Linux 在安全性方面的提升尤为显著。美国国防部将计算机安全等级划分为 D、C1、C2、B1、B2、B3、A1 等七类四级。Linux 2.6 内核通过集成 SELinux(security enhanced Linux)访问控制体制,成功将 Linux 的安全级别从原本的 C2 级提升至 B1 级,展现了其卓越的安全性能。

8. 良好的兼容性

Linux 的兼容性体现在多个显著的方面。首先,它作为一个操作系统,与 IEEE POSIX

标准兼容,这一标准旨在提升 UNIX 操作系统间的移植性。其次,Linux 还具备出色的兼容性,使得其他操作系统的二进制程序能够直接在其上运行。例如,Windows 程序就可以通过 Linux 下的 Wine 模拟器无缝运行。此外,Linux 还能直接访问多种操作系统的文件分区,如 Windows 的 FAT 和 NTFS 分区,在 Linux 操作系统中均能被直接识别。然而,Windows 系统则无法直接识别 Linux 的 ext3 分区,这一点体现了 Linux 在兼容性和互操作性方面的独特优势。

9. Linux 社区支持快速响应与硬件适配

Linux 社区以其高效的运作机制而著称,当用户在相关的新闻组或邮件列表中提出问题时,往往能迅速得到回应。同样,如果用户在 Linux 中发现了 bug 并报告给社区,通常不久后就能看到相应的补丁被发布。Linux 社区对于新硬件的支持也表现得非常迅速,例如,当 Intel 的 Itanium 处理器和 IBM 的 Cell 处理器等新型硬件推出后,Linux 社区的开发人员能够迅速提供适配支持,确保 Linux 能够迅速运行在这些新的硬件平台上。这种快速响应和广泛支持的能力,进一步巩固了 Linux 社区在开源领域的领先地位。

1.2.2 Linux 的构成

Linux 操作系统的核心架构由四个关键部分构成,即 Kernel(内核)、Shell(壳)、File System(文件系统)以及 User Application(用户应用程序)。Kernel、Shell 和 File System 共同搭建起了操作系统的基础框架,使得用户能够顺畅地运行各类程序、高效地管理文件,并能充分利用 Linux 操作系统提供的各项功能。

1. Kernel

内核作为操作系统的基石,承载着诸多核心功能,包括虚拟内存管理、多任务处理、共享库支持、需求加载机制、可执行程序的执行以及 TCP/IP 网络功能等。Linux 内核的模块化设计使其功能更加清晰和可扩展,主要包括存储管理、CPU 和进程调度、文件系统操作、设备管理与驱动支持、网络通信处理、系统初始化流程以及系统调用接口等关键组成部分。这些模块共同协作,确保了 Linux 操作系统的稳定运行和高效性能。

2. Shell

Shell 作为系统的用户界面,充当了用户与内核之间沟通的桥梁,为用户提供了一个交互操作的接口。其主要职责是接收用户输入的命令,并解释这些命令,然后将它们传递给内核去执行。在这个意义上,Shell 可以被视为一个命令解释器。此外,Shell 编程语言还具备了许多普通编程语言的特点,使用这种语言编写的 Shell 程序能够与其他应用程序实现相同的效果,为用户提供了强大的脚本编写和自动化任务执行的能力。

3. File System

文件系统是文件存放在磁盘等存储设备上的组织方法。Linux 操作系统能支持多种目前流行的文件系统,如 ext2、ext3、FAT、FAT32、VFAT 和 ISO9660。

4. User Application

在标准的 Linux 操作系统中,通常配备了一套广泛称为应用程序的程序集合。这个程序集合涵盖了多种功能强大的工具,如文本编辑器、编程语言环境、X Window 图形界面、办公套件、Internet 应用工具以及数据库系统等。

1.2.3 Linux 与其他操作系统的比较

目前,主流的操作系统主要有四种:UNIX、Linux、Windows 以及 Mac OS。值得注意的是,Linux 能够与其他三种操作系统在同一台计算机上和谐共存。虽然它们都属于操作系统的范畴,共享一些基本功能和特性,但每种操作系统都有其独特的特点和差异。

1. Windows 的特点

(1) 直观、高效的面向对象的图形用户界面,易学易用。

Windows 的用户界面和开发环境均采用了面向对象的设计理念。用户通过"选择对象-操作对象"这一直观的方式来完成工作,这种操作模式模拟了现实世界的交互方式,使得 Windows 操作系统变得易于理解、学习和使用。

(2) 用户界面统一、友好、漂亮。

Windows 应用程序广泛遵循 IBM 公司提出的 CUA(common user access)标准,这意味着大多数程序都拥有相同或类似的基本界面元素,如窗口、菜单和工具条等。因此,一旦用户掌握了其中一个软件的基本操作,就能轻松地迁移到使用其他软件,从而显著降低了用户培训学习的成本。

(3) 丰富的设备无关的图形操作。

Windows 的图形设备接口(GDI)为开发者提供了一套全面的图形操作函数,这些函数能够绘制各种几何图形,包括线条、圆形和矩形框等。同时,GDI 支持广泛的输出设备,其设备无关性保证了图形在不同设备上的显示效果一致性,无论是针式打印机还是高分辨率显示器,都能呈现出相同效果的图形。

(4) 多任务。

Windows 是一个多任务操作环境,赋予用户同时运行多个应用程序的能力,甚至允许在一个程序内同时执行多项任务。每个应用程序在屏幕上占用一个称为"窗口"的矩形区域,这些窗口可以相互重叠。用户可自由移动窗口,轻松切换不同的应用程序,并能在这些程序间进行手动或自动的数据交换与通信。尽管计算机能同时运行多个应用程序,但任一时刻仅有一个程序处于活动状态,其标题栏会以高亮颜色显示。活动程序指的是当前能够响应并接收用户键盘输入的程序。

2. Linux 与 Windows 的比较

(1) 硬件支持方面。

Linux 操作系统因其迅猛的发展势头和高度适应性,吸引了 AMD 和 Intel 这两家科技巨头的关注。这两家公司均希望在64位芯片时代能够与开放源代码的操作系统紧密合作，而Linux凭借其强大的内核和卓越的技术适应能力，成为他们理想的合作伙伴。与Windows相比，Linux更能灵活地适应芯片技术的演进。

（2）用户购买能力要求方面。

Linux操作系统因其自由和免费的特性，使得每个人都能合法拥有并使用正版的Linux。除了技术层面的优势，它更象征着一种开源精神，彻底颠覆了"越优秀的软件价格越高"这一传统观念，展现了软件发展新的可能性。

（3）安装难易方面。

尽管早期的Linux安装过程相对复杂，但随着内核技术的不断进步，各大Linux软件提供商已经显著简化了其产品的安装流程。然而与Windows软件的安装体验相比，Linux的安装仍然显得较为逊色。

（4）占用内存方面。

Linux操作系统以其小巧的体积和高效的硬件利用率而著称。Linux的最小安装版本仅需4 MB内存即可运行，相比之下，Windows 10的运行需要更大的内存，在运行Windows 10时可能会由于占用较多的内存资源而导致系统运行缓慢。

（5）设备驱动方面。

在Linux的早期阶段，其面临的一个主要挑战是对硬件设备的支持不足，这导致用户在使用时遇到的一大难题是驱动程序难以获取。然而，随着Linux内核的不断发展和完善，现如今，主要的Linux软件提供商已经能够很好地识别并支持各种新设备，如刻录机和扫描仪等。尽管如此，与Windows软件在安装和配置驱动程序方面的便捷性相比，Linux在这一领域仍然稍显逊色。

（6）编程方面。

嵌入式Linux操作系统已经广泛应用于各类通信基础产品之中。其强大的功能和灵活性使得Linux能够胜任在Windows环境下所能执行的任何编程任务，甚至在某些方面表现出色，这使得Linux在这一领域占据了优势地位。

（7）网络方面。

Linux以其卓越的组网能力而著称，其TCP/IP代码达到了业界领先水平。Linux不仅提供了对现行TCP/IP协议的全面支持，还前瞻性地包含了对下一代互联网协议IPv6的兼容。此外，Linux内核集成了IP防火墙代码、IP防伪技术、IP服务质量控制及诸多其他安全特性，这些都显著提升了其网络安全性和管理灵活性。在网络方面，Linux与Windows相比，无疑展现出了显著的优势。

（8）安全性方面。

相较于Windows，Linux在安全性方面表现更为出色。许多大型网络公司选择Linux作为其服务器操作系统，主要在于Linux操作系统下病毒的数量远少于Windows操作系统。此外，市面上大部分的杀毒软件主要针对Windows平台开发，而针对Linux的杀毒软件相对较少。这也间接说明了 Linux 操作系统本身的防御机制足够强大，使得大多数 Linux 用户并不需要额外安装杀毒软件。

1.3 任务 3 学习 Linux 的版本

1.3.1 Linux 内核版本

内核是操作系统的核心组件，与应用程序和工具程序相对立。其主要职责在于管理所有运行中的程序（即进程），确保这些进程能够公平、高效地共享处理器、内存以及磁盘空间等计算机资源。此外，内核还包含了丰富的设备驱动程序，从而在用户的应用程序与计算机硬件之间搭建起一个稳定、可移植的桥梁，为用户提供顺畅的交互体验。

内核版本通常分为两类：奇数版本代表发展中的不稳定版本，而偶数版本则代表稳定的发布版本。内核版本号的格式一般为 x.y.z，其中 x 代表主版本号，y 代表次版本号，这两者共同确定了内核的主要版本。而 z 则是对当前主要版本的修正次数，比如 kernel 1.0.10 即表示在 1.0 版本基础上的第 10 次修正。

当次版本号 y 为偶数时，这个内核版本被视为稳定版本，主要侧重于修复已知的错误，而不添加新的特性。相反，当 y 为奇数时，内核版本处于不稳定的发展状态，此时开发人员会在其中引入新的特性和功能。

由于 Linux 内核的开发是一个持续进行的过程，因此稳定版本与不稳定的发展中版本会同时存在。对于大多数用户而言，在正式的应用场景中，选择稳定版本的内核是更为稳妥的选择。

1.3.2 GPL 与 LGPL

GPL 是 GNU General Public License（GNU 通用公共许可证）的简称，而 LGPL 则是 GNU Lesser General Public License（GNU 宽通用公共许可证）的简称。这两者均为自由软件（free software）领域广泛使用的版权认证协议，由自由软件基金会（FSF）制定和发布。由于它们与 GNU 项目有着紧密的关联，了解 GNU 的背景显得尤为重要。

GNU 项目，由自由软件之父 Richard Stallman 于 1984 年发起，旨在开发一个完全基于自由软件的软件体系。伴随着 GNU 项目的诞生，通用公共许可证（GPL）也应运而生。此后，Linux 操作系统及其相关的众多软件项目，大多在 GPL 的许可下得到开发和发布。

遵循 GPL 的软件，虽然允许商业化销售，但严格禁止封闭源代码。任何对 GPL 软件的修改或二次开发，并在之后发布的产品，都必须继承 GPL 协议，保持源代码的开放性。

同样地，遵循 LGPL 的软件也允许商业化销售，并禁止封闭源代码。然而，LGPL 在某些情况下提供了更为宽松的条件：只要您的程序通过链接或调用（而非直接包含）LGPL 软件，您的产品可以封闭源代码。这一规定为软件开发者提供了更大的灵活性。

1.3.3 Linux 发行版本

首先,让我们深入探讨"Linux 发行版本"这一概念。Linux 发行版本也称为 Linux 套装软件,是在 Linux 内核的基础上构建而成的完整软件包。因此,当我们提及 Linux 版本时,它实际上包含了两层含义:一层是指该套装软件中所采用的 Linux 内核的版本,而另一层则是指该套装软件本身的版本。值得注意的是,Linux 内核与套装软件的发展是各自独立的。

在本书的后续内容中,除非特别指出,我们所提到的"Linux 版本"通常指的是 Linux 发行版本,即套装软件本身的版本。然而,对于计算机黑客而言,他们往往更关注 Linux 内核的更新和演进。

严格来说,Linux 并非指代整个操作系统,而是特指操作系统的核心部分——内核。Linux 是一个自由软件,这意味着任何机构或个人都有权在遵循 GNU 通用公共许可证的条件下,自由地对 Linux 软件和工具进行打包组合,并以免费或收费的形式发布。

经过多年的快速发展,如今市面上已经涌现出多种 Linux 发行版本。这些版本虽然各有特色,但它们都是基于相同的 Linux 内核构建的,并在此基础上添加了大量的辅助软件和应用工具。

Linux 的发行版本实在太多了,下面主要列举一些著名的 Linux 发行版本。

1. Redhat 版本

Redhat 版本是培训、学习、应用、知名度最高的 Linux 发行版本,对硬件兼容性来说也比较不错,版本更新很快,对新硬件和新技术支持较好。

2. Debian 版本

Debian 版本对社区版的 Linux 来说是较好的,文档和资料较多,尤其是英文的。在国内的占有率有一定的局限性,最主要的原因是上手。但在所有的 Linux 发行版本中,这个版本是最自由的。

3. SuSe 版本

SuSe 版本是最华丽的 Linux 发行版,在 X windows 和程序应用方面做得相当不错,特别是与 Microsoft 的合作关系,是在所有的 Linux 发行版本中最亲密的。

4. Ubuntu 版本

Ubuntu 版本是最近几年开发的,主要指 Server 版本,强项就是其 desktop 版,应用非常广泛,对于新手来说是个不错的选择。

5. Centos 版本

这个发行版主要是 Redhat 企业版的社区版,跟 Redhat 是兼容的,相对来说局限性较少。

Linux 拥有众多发行版本,每一种版本都认为其是最好的版本,如提供更佳的用户体验、更广泛的软件库等。然而,这些宣传往往带有发行商自身的视角。要选择最适合自己的 Linux 版本,关键在于用户的具体需求。

若用户需要在企业环境中部署 Linux 操作系统,那么 Red Hat Enterprise Linux 这样的版本便值得优先考虑。这款 Linux 操作系统专为企业用户打造,能高效应用于生产环境,并在用户遇到问题时能提供专业的技术支持。对于大型企业来说,选择成熟且支持完善的发行版本尤为重要,因此通常不建议使用小众版本。

对于个人用户而言,则可以根据个人的兴趣和特定需求来选择合适的 Linux 版本。由于 Linux 持续不断地更新,热衷于 Linux 的爱好者可以关注新版本的发布,尝试不同版本的 Linux 可能会带来全新的体验与乐趣。

1.3.4 Ubuntu 24.04 介绍

Ubuntu 24.04 LTS 采用了最新的 Linux 6.8 内核,该内核显著提升了系统调用性能,并新增了对 ppc64el 的嵌套 KVM 支持以及对新型 Bcachefs 文件系统的支持。此外,Ubuntu 24.04 LTS 还将低延迟内核功能整合到默认内核中,显著减少了内核任务调度的延迟。

除了内核层面的改进,Ubuntu 24.04 LTS 还引入了全新的图形化固件更新工具——Firmware Updater,原生支持 Raspberry Pi 5,以及用于先进网络管理的 Netplan 1.0。Mozilla Thunderbird 也作为默认的 Snap 功能加入其中。

Ubuntu 24.04 LTS 在支持.NET 社区方面也迈出了重要步伐,随着.NET 8 的发布,该版本将在 Ubuntu 24.04 LTS 的整个生命周期内得到全面支持。这意味着开发者可以在升级 Ubuntu 版本之前,将他们的应用程序升级到更新的.NET 版本。此外,这种.NET 支持还扩展到了 IBM System Z 平台。

对于 Java 开发者而言,Ubuntu 24.04 LTS 默认采用 OpenJDK 21,同时继续支持版本 17、11 和 8。OpenJDK 17 和 21 都经过了 TCK 认证,确保了与 Java 标准的符合性和与其他 Java 平台的互操作性。Ubuntu Pro 用户还能使用符合 FIPS 的特殊 OpenJDK 11 软件包。

Ubuntu 24.04 LTS 还附带 Rust 1.75,并通过更简单的 Rust 工具链 snap 框架,支持如内核和火狐等关键 Ubuntu 软件包更多地使用 Rust,并使得未来的 Rust 版本能够顺利地在 Ubuntu 24.04 LTS 上交付给开发者。

1.4 任务 4 了解 Linux 图形用户界面

1.4.1 X Window 系统概述

X Window 是一种基于位图显示的软件窗口系统,起源于 1984 年麻省理工学院的研究,它后来发展成为 UNIX、类 UNIX 以及 OpenVMS 等操作系统上广泛采用的标准化软件工具包和显示架构运作协议。

X Window 不仅通过软件工具和架构协议构建了操作系统所需的图形用户界面,还逐步扩展到了其他多种操作系统上,几乎覆盖了所有的主流操作系统。GNOME 和 KDE 这两个著名的桌面环境也是基于 X Window 构建的。

X Window 为用户提供了基础的窗口功能支持,而其显示窗口的内容、模式等都可以由用户根据个人喜好进行定制。为了定制和管理 X Window 系统,用户需要使用特定的窗口管理程序,这些程序包括 AfterStep、Enlightenment、Fvwm、MWM 和 TWM Window Maker 等,以满足不同用户的使用习惯。

这种可定制的窗口环境不仅为用户带来了个性化的选择和灵活性,同时也要求用户具备相对较高的操作水平。与 Microsoft Windows 等系统相比,X Window 系统并不限制用户只能选择固定的窗口风格、桌面或操作方式,而是提供了更多的桌面环境选择,让用户能够根据自己的需求进行配置和定制。

1.4.2 GNOME

GNOME 是一个开源的桌面环境,旨在为用户提供简单、易用且美观的 Linux 图形界面。它的名字来源于 GNU Network Object Model Environment 的缩写,它是 GNU 项目的一部分。GNOME 最初由 Miguel de Icaza 和 Federico Mena 在 1997 年发起,其目标是为 Linux 和其他类 UNIX 操作系统打造一个功能齐全、界面友好的桌面环境。经过 25 年的发展,GNOME 已经成为 Linux 世界中最为知名的桌面环境之一,并被众多 Linux 发行版所采用,如 Ubuntu、Fedora、openSUSE 等。

作为一个开源桌面环境,GNOME 具有以下特点:

(1) 自由开放。

GNOME 基于 GPL 等开源许可证发布,用户可自由使用、修改和分发其源代码。这种开放性使得 GNOME 能够吸引全球开发者共同参与,从而持续进行改进和创新。

(2) 以用户为中心。

GNOME 秉持"简约至上"的设计理念,致力于为用户提供简洁且直观的交互体验。它采用图标、面板、菜单等直观易懂的界面元素,并保持一致的界面风格和交互逻辑,以降低用户的学习和使用难度。

(3) 功能全面。

GNOME 不仅具备基本的桌面管理功能,还内置了一系列应用程序,如文件管理器、文档查看器和媒体播放器等,满足用户日常使用的各种需求。此外,通过社区贡献,用户可以方便地获取更多实用工具,扩展 GNOME 的功能。

(4) 跨平台支持。

虽然 GNOME 主要面向 Linux 操作系统,但它也能够在其他类 UNIX 操作系统(如 FreeBSD、OpenBSD 等)上运行。通过一些第三方项目的支持,GNOME 应用程序甚至可以在Windows、Mac OS等操作系统上运行,实现了跨平台的兼容性。

1.4.3　KDE

KDE项目始于1996年,当时德国人马蒂亚斯·埃特里希(Matthias Ettrich)正在蒂宾根大学就读。他注意到UNIX桌面环境缺乏统一的外观、感受和工作方式,使得不同应用程序之间缺乏一致性。因此,他提出了一个构想:不仅仅是开发一套应用程序,而是要创建一个完整的桌面环境,为用户提供统一的视觉体验、操作感受和工作模式。此外,他还希望这个桌面环境能够更易于使用,更加人性化。他在《Usenet》上发表的文章引起了广泛的关注,这也标志着KDE项目的诞生。

尽管KDE是自由的开放源代码软件,但由于它当时使用了非自由软件授权的Qt程序库,即开放源代码但并非基于自由软件许可的Qt程序库,许多人担心未来可能出现的版权问题。

幸运的是,1998年11月,Qt库所属的Trolltech公司发布了第一份自由软件许可——Q Public License(QPL)的库授权。不久后,KDE Free Qt基金会保证,如果Trolltech在任意连续的12个月期间没有发布新的自由版本,Qt程序将改为基于BSD许可证授权进行分发。

然而,许多人仍然争论这种授权与GPL(GNU通用公共许可证)的条款不兼容。因此,Red Hat公司始终无法将KDE作为默认桌面环境,而Mandriva Linux则抓住这一时机,凭借KDE席卷了欧洲市场。直到2000年9月,一个基于协议的版本库成功发布,大部分用户才对此有了信心。

Qt 4.5在2009年3月3日发布,遵循了LGPL 2.1协议,这放宽了KDE函数库的授权,使得基于该平台的商业私有版权软件的开发相对更为自由。

项目二 安装 Ubuntu 操作系统

本项目将引导学生学习如何在虚拟机环境中安装 Ubuntu 操作系统,并掌握首次进入系统后的基本配置和操作方法。通过本项目的学习,学生能够独立完成 Ubuntu 操作系统的安装过程,为后续深入学习 Linux 操作系统管理、应用部署等高级内容打下坚实的基础。

● 【学习目标】

1. 知识目标
- 了解 Ubuntu 操作系统的基本特点和优势。
- 掌握在虚拟机上安装 Ubuntu 操作系统的步骤和注意事项。
- 熟悉首次进入 Ubuntu 操作系统后的基本配置和操作方法。

2. 技能目标
- 能够独立完成虚拟机环境的搭建和配置。
- 能够在虚拟机上成功安装 Ubuntu 操作系统,并进行基本配置。
- 能够熟练使用 Ubuntu 操作系统的图形用户界面进行基本操作。

3. 思政目标
- 引导学生树立自主学习的意识,鼓励他们在学习过程中不断探索和实践。
- 强调技术实践的重要性,培养学生动手能力和解决实际问题的能力。

2.1 任务1 操作系统安装准备

2.1.1 安装前的准备

1. 下载系统镜像

进入 Ubuntu 的中文网站:https://cn.ubuntu.com/,如图 2-1 所示。
在页面上方菜单中单击"桌面系统"菜单,如图 2-2 所示。
单击页面中的"下载 Ubuntu"按钮,出现下载页面,如图 2-3 所示。
在 Ubuntu 桌面版下载页面中,找到下载链接。

图 2-1　Ubuntu 中文官网首页

图 2-2　Ubuntu 桌面系统页面

另一种方法是直接访问 Ubuntu 操作系统镜像的下载地址,可以访问网址:https://releases.ubuntu.com/。Ubuntu 操作系统镜像下载地址根目录如图 2-4 所示。

在页面中,选择我们需要下载的 Ubuntu 版本。这里我们选择 24.04,出现 Ubuntu-24.04 系统下载页面,如图 2-5 所示。

在 Ubuntu-24.04 系统镜像下载页面中,单击"ubuntu-24.04-desktop-amd64.iso"下载链接。

2. 制作安装介质

如果在真实的计算机中安装 Ubuntu 操作系统,需要准备一个 8 GB 以上容量的 U 盘。在正式安装之前,需要制作相应的安装介质,即包含 Ubuntu 操作系统的可启动 U 盘。

图 2-3　Ubuntu 桌面版下载页面

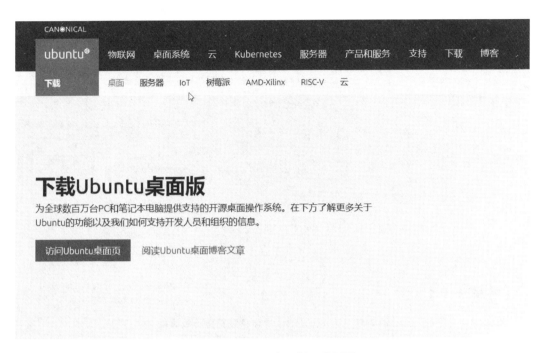

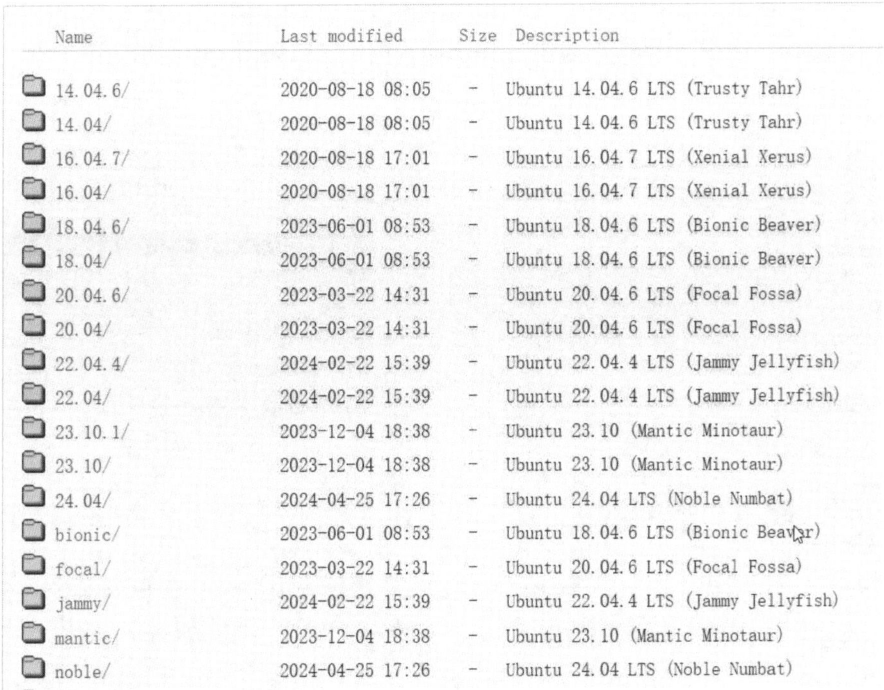

Name	Last modified	Size	Description
14.04.6/	2020-08-18 08:05	-	Ubuntu 14.04.6 LTS (Trusty Tahr)
14.04/	2020-08-18 08:05	-	Ubuntu 14.04.6 LTS (Trusty Tahr)
16.04.7/	2020-08-18 17:01	-	Ubuntu 16.04.7 LTS (Xenial Xerus)
16.04/	2020-08-18 17:01	-	Ubuntu 16.04.7 LTS (Xenial Xerus)
18.04.6/	2023-06-01 08:53	-	Ubuntu 18.04.6 LTS (Bionic Beaver)
18.04/	2023-06-01 08:53	-	Ubuntu 18.04.6 LTS (Bionic Beaver)
20.04.6/	2023-03-22 14:31	-	Ubuntu 20.04.6 LTS (Focal Fossa)
20.04/	2023-03-22 14:31	-	Ubuntu 20.04.6 LTS (Focal Fossa)
22.04.4/	2024-02-22 15:39	-	Ubuntu 22.04.4 LTS (Jammy Jellyfish)
22.04/	2024-02-22 15:39	-	Ubuntu 22.04.4 LTS (Jammy Jellyfish)
23.10.1/	2023-12-04 18:38	-	Ubuntu 23.10 (Mantic Minotaur)
23.10/	2023-12-04 18:38	-	Ubuntu 23.10 (Mantic Minotaur)
24.04/	2024-04-25 17:26	-	Ubuntu 24.04 LTS (Noble Numbat)
bionic/	2023-06-01 08:53	-	Ubuntu 18.04.6 LTS (Bionic Beaver)
focal/	2023-03-22 14:31	-	Ubuntu 20.04.6 LTS (Focal Fossa)
jammy/	2024-02-22 15:39	-	Ubuntu 22.04.4 LTS (Jammy Jellyfish)
mantic/	2023-12-04 18:38	-	Ubuntu 23.10 (Mantic Minotaur)
noble/	2024-04-25 17:26	-	Ubuntu 24.04 LTS (Noble Numbat)

图 2-4　Ubuntu 操作系统镜像下载地址根目录

Parent Directory		-	
SHA256SUMS	2024-04-25 17:26	299	
SHA256SUMS.gpg	2024-04-25 17:26	833	
netboot/	2024-04-23 09:46	-	
ubuntu-24.04-desktop-amd64.iso	2024-04-24 11:29	5.7G	Desktop image for 64-bit PC (AMD64) computers (standard download)
ubuntu-24.04-desktop-amd64.iso.torrent	2024-04-25 11:59	456K	Desktop image for 64-bit PC (AMD64) computers (BitTorrent download)
ubuntu-24.04-desktop-amd64.iso.zsync	2024-04-25 11:59	13M	Desktop image for 64-bit PC (AMD64) computers (zsync metafile)
ubuntu-24.04-desktop-amd64.list	2024-04-24 11:29	26K	Desktop image for 64-bit PC (AMD64) computers (file listing)
ubuntu-24.04-desktop-amd64.manifest	2024-04-24 11:24	58K	Desktop image for 64-bit PC (AMD64) computers (contents of live filesystem)
ubuntu-24.04-live-server-amd64.iso	2024-04-23 12:46	2.6G	Server install image for 64-bit PC (AMD64) computers (standard download)

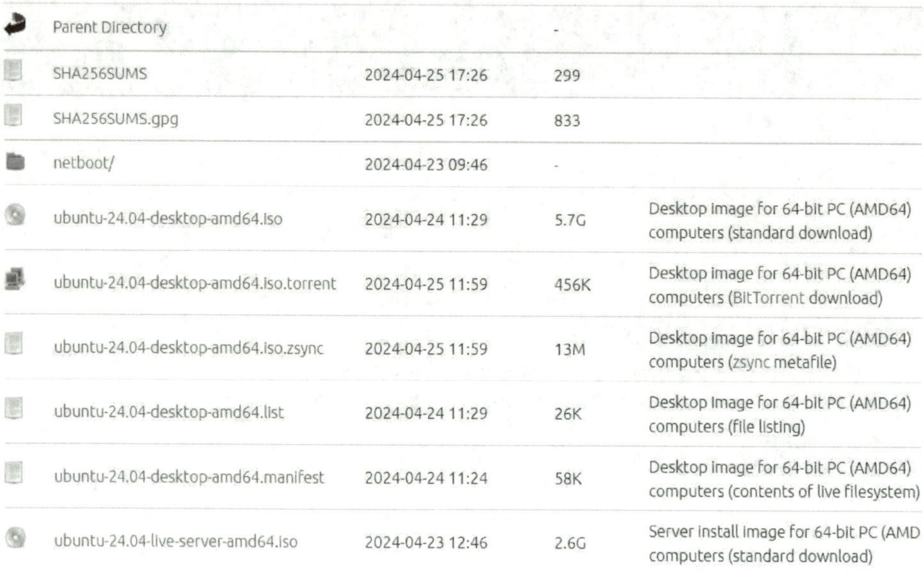

图 2-5　Ubuntu-24.04 操作系统镜像下载页面

使用 U 盘作为安装介质，制作方法如下：

(1) 将一个 8 GB 以上容量的 U 盘插入计算机的 USB 接口。

(2) 打开 U 盘制作工具 Rufus，其主界面如图 2-6 所示。

(3) 在 Rufus 中，从“设备”列表中选择刚插入的 U 盘，如图 2-7 所示。

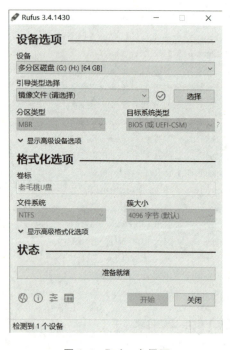

图 2-6　Rufus 主界面

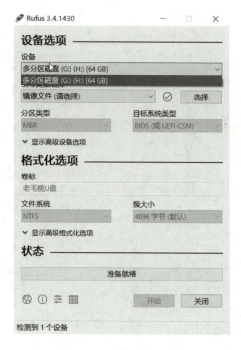

图 2-7　Rufus 选择 U 盘

(4) 在 Rufus 主界面中,单击"选择"按钮。在弹出的对话框中选择想要写入 U 盘的 Ubuntu 操作系统映像文件,如图 2-8 所示。

图 2-8 选择 Ubuntu 操作系统镜像文件

(5) 单击"开始"按钮,开始制作可启动的 Ubuntu 安装 U 盘。

2.1.2 硬件要求

最低处理器要求:至少 2 GHz 双核处理器或者更高。
最低内存要求:至少 4 GB 系统内存。
最低硬盘要求:至少 25 GB 可用硬盘空间。

2.1.3 硬盘分区

硬盘通常被划分为若干个独立的分区,这样用户可以像访问不同硬盘一样,独立地访问各个分区。分区的类型主要包括三种:主分区、扩展分区和逻辑分区。一个硬盘最多允许有四个主分区,但若需要创建四个以上的分区,则先设立一个扩展分区,再在其基础上进一步划分逻辑分区。

Ubuntu 操作系统既支持安装在主分区,也支持安装在逻辑分区。为了顺利安装 Ubuntu,需要确保计算机硬盘上至少有 25 GB 的未分配空间,这些未分配的空间将被用于创建 Ubuntu 操作系统所在的分区。

Ubuntu 操作系统的一个显著特性是它能够与其他操作系统共存,并实现多重引导。

如果用户希望在同一台计算机上同时使用 Ubuntu 和 Windows 操作系统,则应先安装 Windows 操作系统,并确保在安装 Ubuntu 之前硬盘上留有超过 25 GB 的未分配空间。

2.2 任务 2 在虚拟机上安装 Ubuntu 操作系统

2.2.1 虚拟机软件概述

虚拟机(virtual machine)是一种通过软件模拟实现的完整计算机系统,该系统具备完整的硬件系统功能,并在一个完全隔离的环境中运行。虚拟系统的工作原理是通过创建现有操作系统的全新虚拟镜像,这一镜像拥有与真实系统完全相同的功能。在启动并进入这个虚拟系统后,用户可以在其中进行各种操作,如独立安装和运行软件、保存数据,并拥有自己的独立桌面。这些操作不会对宿主机(即真正的系统)产生任何影响。此外,虚拟机技术允许用户在现有系统与虚拟镜像之间灵活切换,为用户提供了极大的便利性和灵活性。

常用虚拟机软件有 VirtualBox、VMware Workstation、Virtual PC。

1. VirtualBox

VirtualBox 是一款功能全面且易于操作的计算机虚拟环境架构工具,最初由德国的 InnoTek 公司开发,后来先后被 Sun 公司、Oracle 公司收购。它支持在 Linux、Mac OS 和 Windows 等主机系统上运行,为用户提供了一个用于测试软件和硬件的平台。VirtualBox 不仅具备模拟环境、硬件模拟以及硬盘镜像等功能,还能够安装和运行多个客户端操作系统,实现这些系统之间的通信。

VirtualBox 还提供了与 iSCSI 的连接支持,以及读写 VMware VMDK 和 Virtual PC VHD 文件的能力,进一步扩展了其应用场景。用户在使用过程中,可以通过挂载 ISO 镜像文件来模拟 CD/DVD 设备,甚至直接在虚拟机上使用实体光盘驱动器,这些操作方式为用户带来了极大的灵活性和便利性。VirtualBox 主界面如图 2-9 所示。

2. VMware Workstation

VMware Workstation(中文名"威睿工作站")是一款卓越的桌面虚拟计算机软件,为用户提供了在单一桌面上并行运行不同操作系统的能力。这款软件为开发、测试和部署新的应用程序提供了理想的解决方案。通过在实体机器上模拟完整的网络环境,VMware Workstation 还能创建便携的虚拟机器,其卓越的灵活性和先进技术使其在同类虚拟计算机软件中脱颖而出。

对于企业的 IT 开发人员和系统管理员而言,VMware Workstation 的虚拟网络、实时快照、拖曳共享文件夹以及对 PXE 的支持等特性,使其成为不可或缺的工具。这些功能极大地提高了工作效率,满足了各种复杂的 IT 需求。VMware Workstation 主界面如图 2-10 所示。

项目二 安装 Ubuntu 操作系统

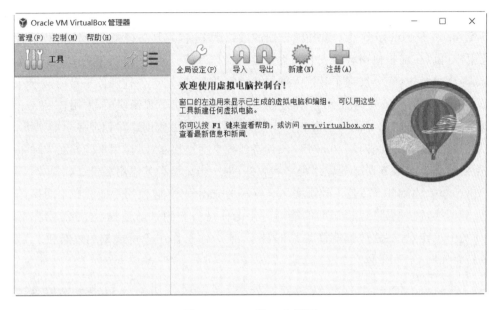

图 2-9 VirtualBox 主界面

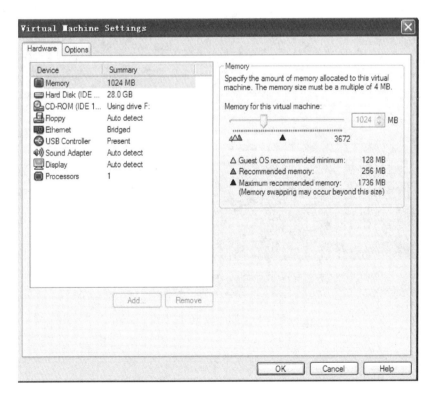

图 2-10 VMware Workstation 主界面

3．Virtual PC

Microsoft Virtual PC 是一款功能全面的虚拟化工具，它具备模拟多台计算机环境的能力，让用户可以在虚拟机内轻松安装和运行各种操作系统。此外，它还支持 BIOS 设置和硬盘分区等高级操作，充分展现了其强大的灵活性和兼容性，适应各种硬件平台的需求。

Virtual PC 不仅支持跨平台运行，还能在不同操作系统下顺畅使用，为用户提供了极大的便利。其直观易用的界面和丰富的功能，使得用户能够迅速创建并管理多个虚拟机。

除了这些基本功能外，Virtual PC 还具备远程桌面连接功能，让用户能够在本地主机上通过网络远程访问服务器上的应用程序和服务，进一步拓展了其应用场景。

Microsoft Virtual PC 是一款既实用又有趣的应用程序，它使用户能够在不同操作系统之间无缝切换，同时提供远程访问的能力。无论你是需要测试新系统，还是需要在不同的工作环境中工作，这款软件都能满足你的需求，成为你工作中不可或缺的好帮手。Virtual PC 主界面如图 2-11 所示。

图 2-11　Virtual PC 主界面

2.2.2　安装 Virtualbox

1．下载 VirtualBox

进入 VirtualBox 的官方网站 https://www.virtualbox.org/，首页如图 2-12 所示。

项目二　安装 Ubuntu 操作系统

图 2-12　VirtualBox 官方网站首页

在官方网站首页左侧,单击"Downloads"按钮,下载页面如图 2-13 所示。

图 2-13　Virtualbox 下载页面

在 VirtualBox 下载页面中,单击"Windows hosts"下载链接,下载 VirtualBox 安装程序 "VirtualBox-7.0.18-162988-Win.exe"。

2. 安装 VirtualBox

双击"VirtualBox-7.0.18-162988-Win.exe"安装程序,进入 VirtualBox 安装程序欢迎界面,如图 2-14 所示。

单击"下一步"按钮,进入安装位置选择界面,如图 2-15 所示。

· 27 ·

图 2-14 VirtualBox 安装程序欢迎界面

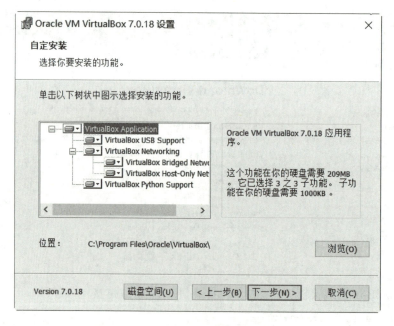

图 2-15 VirtualBox 安装程序设置安装位置

可以单击"浏览"按钮,选择合适的安装位置。然后单击"下一步"按钮,进入安装准备界面,如图 2-16 所示。

在安装准备界面中,单击"是"按钮,开始安装,其过程如图 2-17 所示。

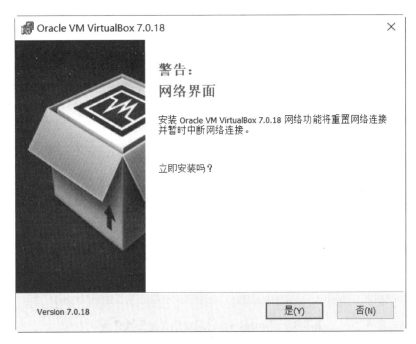

图 2-16　VirtualBox 安装程序安装准备界面

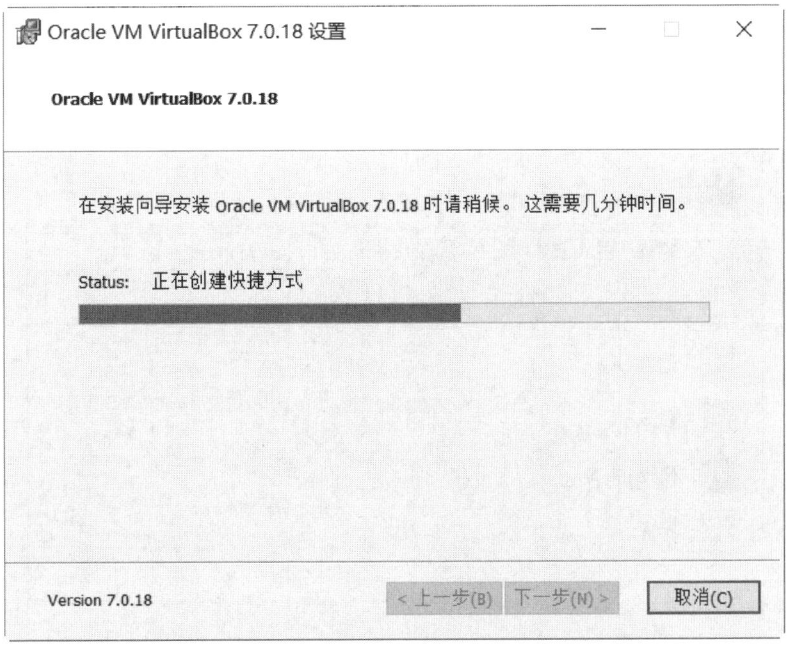

图 2-17　VirtualBox 安装程序安装过程界面

等待一段时间，进入安装完成界面，如图 2-18 所示。

图 2-18　VirtualBox 安装程序安装完成界面

3. 设置 VirtualBox

进入 VirtualBox 主界面，选择"管理"菜单，在下拉框中选择"全局设定"选项，进入"VirtualBox-全局设定"界面，如图 2-19 所示。

图 2-19　"VirtualBox-全局设定"界面

在"VirtualBox-全局设定"界面中，重新设置"默认虚拟电脑位置"，建议设置到空闲磁盘空间较多的位置中。这里重新设置的"虚拟电脑位置"为"D:\VirtualBox VMs"，如图 2-20 所示。

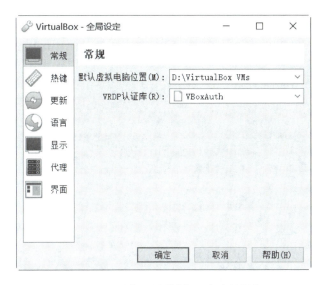

图 2-20　重新设置的"虚拟电脑位置"

2.2.3　Ubuntu 操作系统安装过程

在虚拟机上安装 Ubuntu 操作系统

1. 新建虚拟机

进入 VirtualBox 主界面，单击"新建"按钮，弹出"新建虚拟电脑"对话框，在"虚拟电脑名称与操作系统"界面中，设置虚拟机名称和虚拟光盘，如图 2-21 所示。

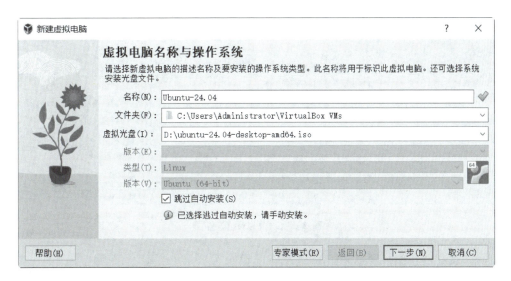

图 2-21　"虚拟电脑名称与操作系统"界面

设置虚拟机名称为"Ubuntu-24.04",设置虚拟光盘为我们准备的 Ubuntu 操作系统镜像文件路径"D:\ubuntu-24.04-desktop-amd64.iso",勾选"跳过自动安装"。然后单击"下一步"按钮,进入硬件界面,如图 2-22 所示。

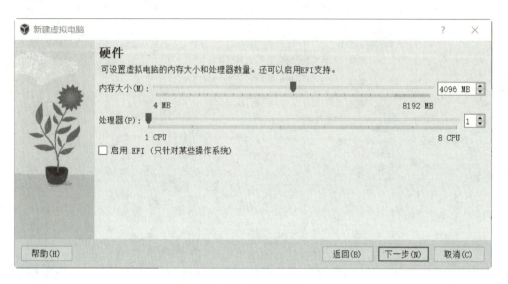

图 2-22 "硬件"界面

内存大小设置为"4096 MB"。然后单击"下一步"按钮,进入"虚拟硬盘"界面,如图 2-23 所示。

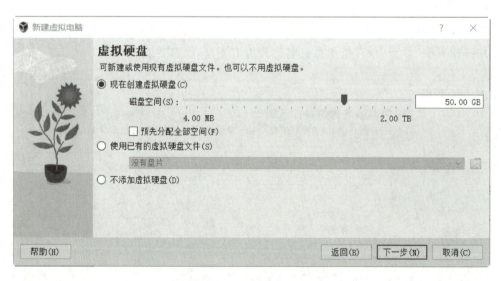

图 2-23 "虚拟硬盘"界面

选择"现在创建虚拟硬盘"选项,磁盘空间设置为"50.00 GB"。然后单击"下一步"按钮,进入"摘要"界面,如图 2-24 所示。

项目二 安装 Ubuntu 操作系统

图 2-24 "摘要"界面

进入"摘要"界面,单击"完成"按钮,虚拟机创建完成。

2. 安装 Ubuntu 操作系统

进入 VirtualBox 主界面,选择"Ubuntu-24.04"虚拟机,单击"启动"按钮,进入虚拟机引导界面,如图 2-25 所示。

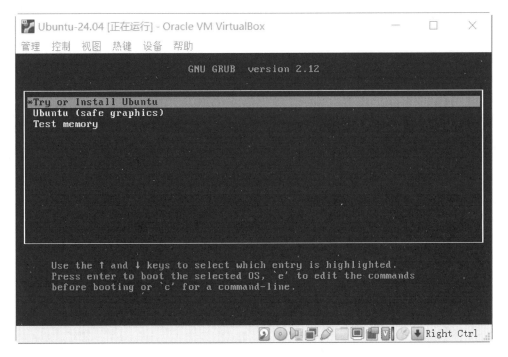

图 2-25 引导界面

在虚拟机引导界面中,选择"Try or Install Ubuntu"选项,按下回车键,进入 Ubuntu 安装程序桌面,如图 2-26 所示。

图 2-26　Ubuntu 安装程序桌面

单击桌面右下角的"Install Ubuntu 24.04 LTS"图标,进入安装欢迎界面,如图 2-27 所示。

图 2-27　安装欢迎界面

在安装欢迎界面中,选择"中文(简体)"语言,单击"下一步"按钮,进入"可访问性"界面,如图 2-28 所示。

图 2-28 "可访问性"界面

在"可访问性"界面中,可以不做修改,单击"下一步"按钮,进入"键盘布局"界面,如图 2-29 所示。

图 2-29 "键盘布局"界面

在"键盘布局"界面中,选择"汉语",单击"下一步"按钮,进入"连接到互联网"界面,如图2-30所示。

图 2-30 "连接到互联网"界面

进入"连接到互联网"界面,选择"使用有线连接",单击"下一步"按钮,进入"安装类型"界面,如图2-31所示。

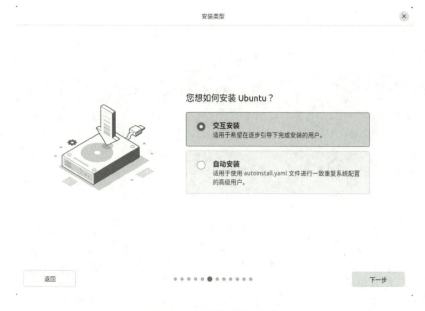

图 2-31 "安装类型"界面

在"安装类型"界面中,选择"交互安装"选项,单击"下一步"按钮,进入"应用程序和更新"界面,如图 2-32 所示。

图 2-32 "应用程序和更新"界面

在"应用程序和更新"界面中,为了安装更多常用的应用软件和工具,选择"扩展集合"选项,单击"下一步"按钮,进入"优化您的计算机"界面,如图 2-33 所示。

图 2-33 "优化您的计算机"界面

在"优化您的计算机"界面中,如果打算在 Ubuntu 操作系统中运行多媒体或者游戏类相关的应用软件,可以勾选这两个选项,我们在这里不做修改,单击"下一步"按钮,进入"安装类型"界面,如图 2-34 所示。

图 2-34 "安装类型"界面

在"安装类型"界面中,选择"手动分区",单击"下一步"按钮,进入"手动分区"界面,如图 2-35 所示。

图 2-35 "手动分区"界面

进入"手动分区"界面中,新建下面分区:
(1) 新建类型为"Swap",大小为 4.10 GB 的分区;
(2) 新建类型为"ext4",挂载点为"/boot",大小为 1.02 GB 的分区;
(3) 新建类型为"ext4",挂载点为"/",大小为 30.72 GB 的分区;
(4) 新建类型为"ext4",挂载点为"/home",大小为剩余空闲磁盘空间(17.84 GB)的分区。

单击"下一步"按钮,进入"设置您的账户"界面,如图 2-36 所示。

图 2-36 "设置您的账户"界面

在"设置您的账户"界面中,输入姓名为"test",程序会自动输入计算机主机名为"test-VirtualBox",程序会自动输入用户名为"test",设置密码为"123456"。单击"下一步"按钮,进入"选择您的时区"界面,如图 2-37 所示。

在"选择您的时区"界面中,在世界地图上用鼠标单击中国上海的位置,程序会自动输入位置为"Shanghai",自动输入时区为"Asia/Shanghai"。单击"下一步"按钮,进入"准备安装"界面,如图 2-38 所示。

在"准备安装"界面中,单击"安装"按钮,进入安装界面,如图 2-39 所示。

等待安装完成。系统安装完成界面如图 2-40 所示。

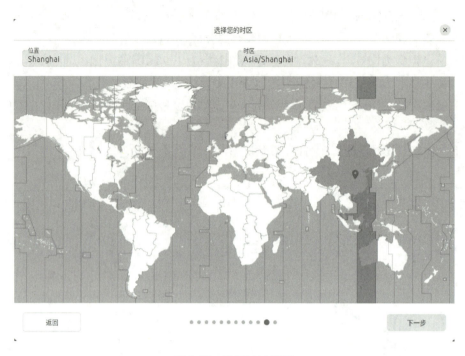

图 2-37　选择时区界面

图 2-38　"准备安装"界面

图 2-39　正在安装界面

图 2-40　系统安装完成界面

Ubuntu Linux 操作系统项目教程

2.3 任务3 首次进入 Ubuntu 操作系统

首次进入
Ubuntu 操作系统

2.3.1 登录和退出系统

1. 系统登录

在访问 Ubuntu 操作系统之前，首先会展示一个登录界面，如图 2-41 所示。为了成功进入系统，用户需要在该登录界面中输入在安装系统时所设定的个人密码。

图 2-41 系统登录界面

输入安装过程中设置的密码，即用户名为"test"，输入密码为"123456"。进入 Ubuntu 操作系统桌面的欢迎界面，如图 2-42 所示。

图 2-42 Ubuntu 操作系统桌面的欢迎界面

单击右上角的"前进"按钮,进入 Ubuntu Pro 界面,如图 2-43 所示。

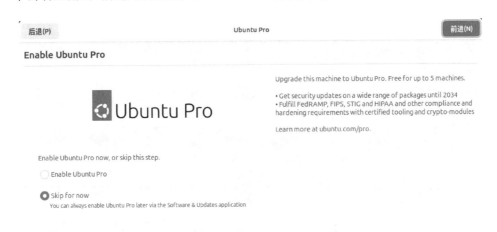

图 2-43　Ubuntu Pro 界面

在 Ubuntu Pro 界面,默认选择了"Skip for now"选项,这里可以不做修改,单击"前进"按钮,进入共享系统数据界面,如图 2-44 所示。

图 2-44　共享系统数据界面

在共享系统数据界面中,选择"No,don't share system data"选项,单击"前进"按钮,进入"准备就绪"界面,如图 2-45 所示。

图 2-45 "准备就绪"界面

在"准备就绪"界面中,单击"Finish"按钮,进入 Ubuntu 桌面。

2. 系统退出

当用户希望退出系统时,可以单击位于屏幕右上角的按钮 ⏻,将会弹出一个菜单,如图 2-46 所示。在菜单中,选择右上角的关机按钮,随后系统会按照指示退出并关闭。

图 2-46 系统关机按钮

用户也可以在终端中使用命令退出系统。首先单击 Ubuntu 桌面左下角的"显示应用"按钮,进入显示应用界面,如图 2-47 所示。

在显示应用界面,单击"终端"图标,打开终端程序界面,如图 2-48 所示。

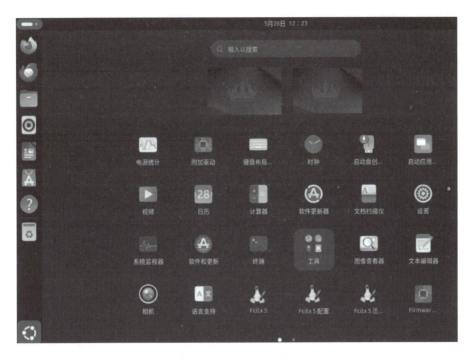

图 2-47 显示应用界面

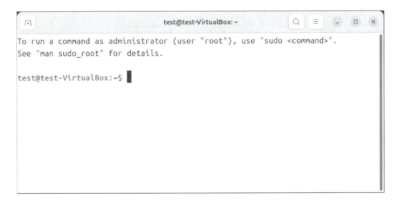

图 2-48 终端程序界面

在终端中，输入下面命令：

$ sudo shutdown now

2.3.2 查看系统的硬件信息

1. 查看 BIOS 信息

在终端中输入图 2-49 所示的命令，即可查看 BIOS 信息。

Ubuntu Linux 操作系统项目教程

$ sudo dmidecode -t bios

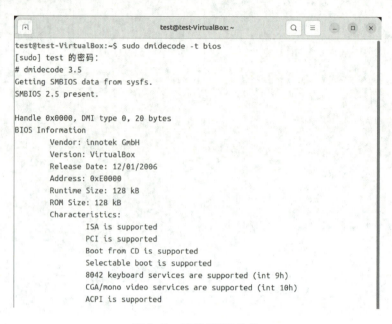

图 2-49　查看 BIOS 信息

2. 查看主板信息

在终端中输入如图 2-50 所示的命令，即可查看主板信息。

$ sudo dmidecode -t baseboard

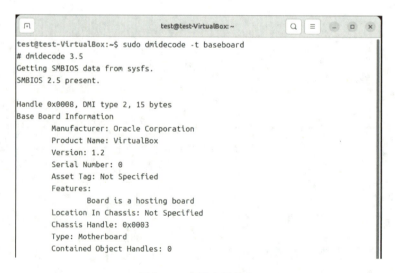

图 2-50　查看主板信息

3. 查看机箱信息

在终端中输入如图 2-51 所示的命令，即可查看机箱信息。

$ sudo dmidecode -t chassis

图 2-51　查看机箱信息

2.3.3　软件的图形化安装和卸载

1. 软件的图形化安装

在 Ubuntu 桌面左侧，单击"应用中心"程序，打开"应用中心"主界面，搜索或选择我们需要的软件，如图 2-52 所示。

图 2-52　"应用中心"主界面

进入软件界面，单击"安装"按钮，如图 2-53 所示。

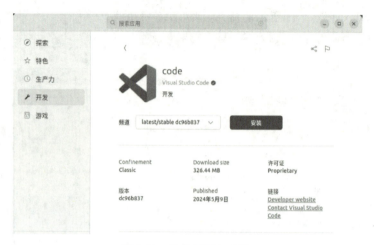

图 2-53　软件图形化安装

2．软件的图形化卸载

进入软件界面，单击"打开"按钮右边的"..."按钮，在弹出的下拉框中选择"Uninstall"选项，如图 2-54 所示。

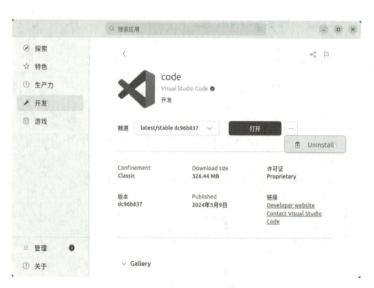

图 2-54　软件图形化卸载

2.3.4　在 Ubuntu 上使用 root 用户

1．使用 sudo 获得权限

在 Ubuntu 操作系统中，出于安全考虑，系统默认并不允许直接使用 root 用户登录计算机。不过,Ubuntu可以将管理员权限暂时赋予特定用户,并让这些用户通过"sudo"命令来执行需要管理权限的任务。

sudo命令的使用方法如下:

$ sudo[用户的命令]

2. 在终端中使用root用户

Ubuntu操作系统出于安全考虑,默认情况下并不允许使用root用户直接登录系统,同时在系统安装过程中,用户也无需设置root密码。若需要使用root用户登录系统,则首先需要为root用户设定一个密码。为root用户设置密码时,应使用passwd命令,系统会提示您输入两次新密码以确认,且输入的密码在屏幕上不会显示。完成密码输入后,按下回车键即可结束设置过程。

passwd命令使用方法如下:

$ sudo passwd root

注意:root密码要求不少于8个字符。

用户可以选择在终端中切换到root用户身份,如图2-55所示。通过这一操作,用户可以无需在每个命令前都添加sudo,但需要首先通过终端进行用户切换。要实现这一切换,用户可以使用su命令,并在命令执行后输入root用户的密码。请注意,输入的密码在屏幕上不会显示,输入完成后按下回车键即可完成切换。

图 2-55 切换 root 用户

su命令的使用方法如下:

$ sudo su root

项目三 熟练使用 Linux 基本命令

本项目将使学生全面掌握 Linux 操作系统的基本命令,通过一系列实践任务,帮助学生从命令行层面深入理解 Linux 的操作逻辑和管理技巧。学生将学习并掌握目录操作、文件和目录管理、获取帮助信息、搜索文件、压缩与解压文件以及系统关机与重启等核心命令,为后续的 Linux 操作系统管理与高级应用打下坚实的基础。

● 【学习目标】

1. 知识目标

- 理解 Linux 命令行的结构,掌握命令提示符的含义,了解命令的基本格式和执行方式。
- 熟练进行目录的切换、查看和列表操作。
- 学会文件和目录的复制、移动、删除、创建等操作。
- 学会快速获取命令的帮助信息。
- 学会高效地在系统中搜索文件和内容。
- 掌握文件的压缩与解压操作。
- 学会安全地关闭和重启 Linux 操作系统。

2. 技能目标

- 能够独立完成 Linux 系统下的日常管理和维护任务。
- 能够利用帮助命令和搜索命令,快速定位并解决 Linux 使用中的问题。
- 能够熟练使用文件和目录操作命令,高效地进行文件系统的组织和管理。

3. 思政目标

- 培养学生注重细节、严谨认真的职业素养。
- 引导学生通过命令行帮助系统自主学习新命令,培养自我探索和解决问题的能力。
- 培养学生的系统安全意识和责任感。

项目三 熟练使用 Linux 基本命令

3.1 任务1 熟悉 Linux 命令基础

3.1.1 虚拟控制台

在 Linux 和其他类 UNIX 操作系统中,虚拟控制台(virtual console)是一种允许用户在没有图形用户界面(GUI)的情况下,通过多个独立的终端会话与系统进行交互的功能。这些虚拟控制台是彼此独立的,用户可以在一个控制台中运行程序或命令,而不会干扰到其他控制台中的活动。

当系统启动时直接进入字符模式,系统会默认提供六个独立的虚拟控制台供用户同时使用,这些控制台之间互不干扰。用户可以通过按下"Ctrl+Alt+F1"至"Ctrl+Alt+F6"组合键来在这些虚拟控制台之间进行切换。

若用户在字符界面下使用 startx 命令,则可以启动图形环境。然后,按下"Ctrl+Alt+F2"组合键可以将用户界面切换回图形界面。

例如,我们按下"Ctrl+Alt+F5"组合键,进入一个虚拟控制台,如图3-1所示。

图3-1 虚拟控制台

3.1.2 命令提示符

当用户打开一个控制台(console)或终端时,最先看到的就是提示符(prompt),如图3-2所示。

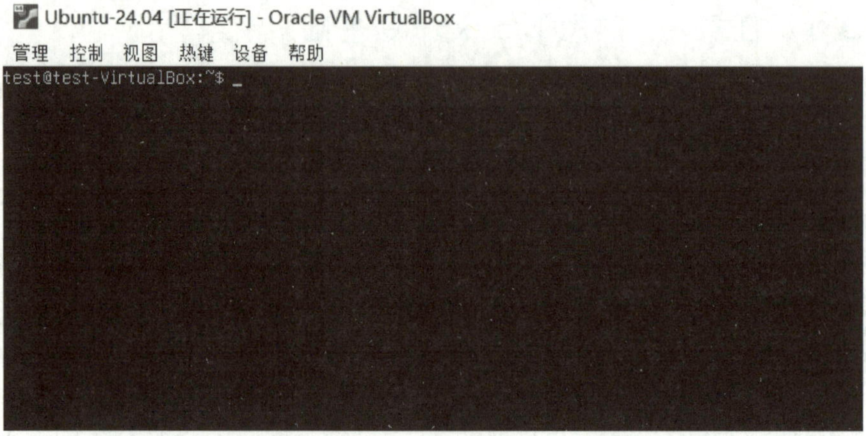

图 3-2 命令提示符

通常情况下,最后一个字符可以标识该用户是普通用户($),还是 root 用户(#)。root 的命令提示符如图 3-3 所示。

图 3-3 root 用户命令提示符

所看到的这条命令被称为命令终端提示符,它表示计算机已就绪,正在等待着用户输入操作指令。以本屏幕画面为例,"root"是我所登录的用户,"test-VirtualBox"是这台计算机的主机名,"/home/test"表示当前目录。

3.1.3 命令的基本格式

Linux 命令的基本格式如下:

command[options][arguments]

其中,command 表示命令,options 表示可选的命令选项,arguments 表示命令参数。

1. command

这是想要执行的命令或程序的名字。例如,ls 用于显示目录内容,cat 用于显示文件内容,cp 用于复制文件或目录等。

2. options

这是可选的,用于修改命令的行为。它们通常以连字符(-)或双连字符(--)开头。有些命令可能允许你组合多个单字符选项(如-l-a),而有些命令则可能要求你使用完整的单词(如--all)。

其中,options 也可分为单字符选项和长选项两种。

(1) 单字符选项。

这些选项通常只接受一个字符,并且可能与其他单字符选项组合使用,如-l。

(2) 长选项。

这些选项使用完整的单词,通常更具描述性,并允许更明确地指定命令的行为,如--all 或--verbose。

3. arguments

这是命令需要的参数,用于指定命令应该对哪些文件、目录或其他对象进行操作。这些参数可以是文件名、目录名、数字、字符串等,具体取决于命令的要求。

3.2　任务 2　熟悉目录操作命令

Linux 中目前可以识别的命令有上万条,如果没有分类,那么学习起来一定痛苦不堪。我们把命令分门别类,主要是为了方便学习和记忆。

3.2.1　ls 命令

熟悉目录操作命令

ls 是最常见的目录操作命令,主要作用是显示目录下的内容。这个命令的基本信息如下。

(1) 命令名称:ls。
(2) 英文原意:list。
(3) 所在路径:/bin/ls。
(4) 执行权限:所有用户。
(5) 功能描述:显示目录下的内容。

1. 命令格式

```
#ls[选项][文件名或目录名]
```

选项:

-a:显示所有文件。

――color＝when：支持颜色输出，when 的值默认是 always（总显示颜色），也可以是 never（从不显示颜色）和 auto（自动）。

-d：显示目录信息，而不是目录下的文件。

-h：人性化显示，按照我们习惯的单位显示文件大小。

-i：显示文件的 i 节点号。

-l：长格式显示。

2. 常见用法

（1）例 1："-a"选项。

-a 选项中的 a 是 all 的意思，也就是显示隐藏文件。未使用"-a"的 ls 命令如图 3-4 所示。

♯ls

图 3-4　未使用-a 参数的 ls 命令

使用了"-a"参数的 ls 命令如图 3-5 所示。

♯ls -a

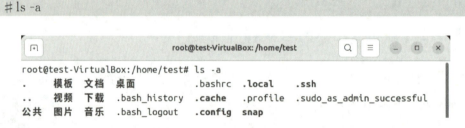

图 3-5　使用了-a 参数的 ls 命令

当使用带有"-a"选项的命令时，可以明显观察到显示的文件数量增多。这些新增的文件有一个共同特点，即它们都以"."开头。在 Linux 操作系统中，这种以点开头的文件被视为隐藏文件，通常需要特定的选项（如"-a"）才能被列出。

对于隐藏文件的查看机制，有人曾提出疑问，质疑在 Linux 中如此简单地查看隐藏文件是否削弱了其隐藏的效果。然而，这种理解并不准确。设置隐藏文件的初衷并非为了将文件隐藏起来以防被用户发现，而是为了明确标识这些文件为重要的系统文件，并提醒用户避免非必要的修改。因此，无论是 Linux 还是 Windows 操作系统，都提供了相对简单的方式来查看隐藏文件。只不过在 Windows 操作系统中，许多病毒（包括木马病毒）会将自己伪装成隐藏文件，这给用户造成了一种隐藏文件是为了躲避用户发现的错觉。

（2）例 2："-l"选项。

使用了"-l"参数的 ls 命令如图 3-6 所示。

```
#ls -l
```

```
root@test-VirtualBox:/home/test# ls -l
总计 36
drwxr-xr-x 2 test test 4096  5月  26 11:48 公共
drwxr-xr-x 2 test test 4096  5月  26 11:48 模板
drwxr-xr-x 2 test test 4096  5月  26 11:48 视频
drwxr-xr-x 2 test test 4096  5月  26 11:48 图片
drwxr-xr-x 2 test test 4096  5月  26 11:48 文档
drwxr-xr-x 2 test test 4096  5月  26 11:48 下载
drwxr-xr-x 2 test test 4096  5月  26 11:48 音乐
drwxr-xr-x 2 test test 4096  5月  26 11:48 桌面
drwx------ 5 test test 4096  5月  26 16:29 snap
```

图 3-6　使用了-l 参数的 ls 命令

从图 3-6 可以知道,"-l"选项用于显示文件的详细信息,使用"-l"选项显示的这 7 列的含义如下。

第一列:权限。

第二列:引用计数。文件的引用计数代表该文件的硬链接个数,而目录的引用计数代表该目录有多少个一级子目录。

第三列:所有者,也就是这个文件属于哪个用户。默认所有者是文件的建立用户。

第四列:所属组。默认所属组是文件建立用户的有效组,一般情况下就是建立用户的所在组。

第五列:大小。默认单位是字节。

第六列:文件修改时间,即文件状态修改时间或文件数据修改时间,注意这个时间不是文件的创建时间。

第七列:文件名。

(3) 例 3:"-d"选项。

如果我们想查看某个目录的详细信息,例如,能使用-l 查看目录,如图 3-7 所示。

```
#ls -l /home/
```

```
root@test-VirtualBox:/# ls -l /home/
总计 20
drwx------  2 root root 16384  5月  26 11:17 lost+found
drwxr-x--- 15 test test  4096  5月  26 15:38 test
```

图 3-7　使用-l 参数查看目录

这个命令会显示目录下的内容,而不会显示这个目录本身的详细信息。如果想显示目录本身的信息,就必须加入"-d"选项,如图 3-8 所示。

♯ls -ld /home/test/

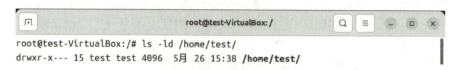

图 3-8 使用-ld 参数查看目录

(4) 例 4:"-h"选项。

"ls -l"显示的文件大小是字节,但是我们更加习惯千字节(KB)显示,兆字节用 MB 显示,而"-h"选项就是按照人们习惯的单位显示文件大小,如图 3-9 所示。

♯ls -lh

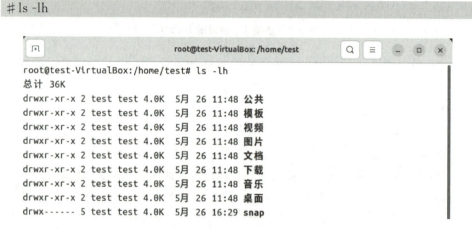

图 3-9 使用-lh 参数查看目录

(5) 例 5:"-i"选项。

每个文件都有一个被称为 inode(i 节点)的隐藏属性,可以看成系统搜索这个文件的 ID,而"-i"选项就是用来查看文件的 inode 号的,如图 3-10 所示。

♯ls -i

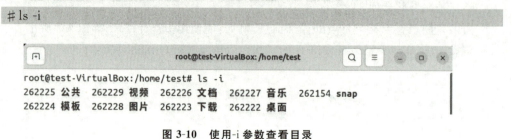

图 3-10 使用-i 参数查看目录

3.2.2 cd 命令

cd 是切换所在目录的命令,这个命令的基本信息如下。

● 命令名称:cd。

- 英文原意:change directory。
- 所在路径:Shell 内置命令。
- 执行权限:所有用户。
- 功能描述:切换所在目录。

Linux 的命令按照来源方式分为两种:Shell 内置命令和外部命令。所谓 Shell 内置命令,就是 Shell 自带的命令,这些命令是没有执行文件的;而外部命令就是由程序员单独开发的,是外来命令,所以系统中存在命令的执行文件。Linux 中的绝大多数命令是外部命令,而 cd 命令是一个典型的 Shell 内置命令,所以 cd 命令没有执行文件所在路径。

1. 命令格式

♯cd[目录名]

cd 命令是一个非常简单的命令,仅有的两个选项-P 和-L 的作用非常有限,很少使用。-P(大写)是指如果切换的目录是软链接目录,则进入其原始的物理目录,而不是进入软链接目录;-L(大写)是指如果切换的目录是软链接目录,则直接进入软链接目录。

2. 常见用法

(1) 例 1:基本用法。

cd 命令切换目录只需在命令后加目录名称即可,如图 3-11 所示。

♯cd /usr/local/src[目录名]

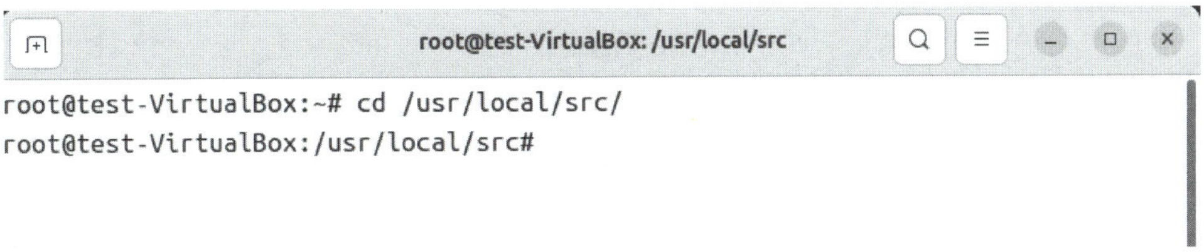

图 3-11 无参数的 cd 命令

(2) 例 2:简化用法。

cd 命令可以识别一些特殊符号,用于快速切换所在目录,这些符号如表 3-1 所示。

表 3-1 cd 命令的特殊符号

特殊符号	作用
~	代表用户的家目录
-	代表上次所在目录
.	代表当前目录
..	代表上级目录

这些简化用法可以加快命令切换,如图 3-12 所示。

```
# cd ~
```

图 3-12　~ 参数的 cd 命令

除了"cd ~"命令可以快速回到用户的家目录，cd 命令按回车键也可以快速切换到家目录，如图 3-13 所示。

```
# cd
```

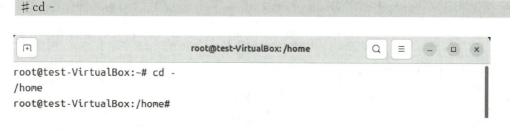

图 3-13　无参数的 cd 命令

如果想回到上次所在目录，可以用"cd -"命令，如图 3-14 所示。

```
# cd -
```

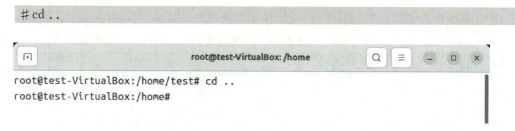

图 3-14　- 参数的 cd 命令

如果想进入上级目录，可以用"cd .."命令，如图 3-15 所示。

```
# cd ..
```

```
root@test-VirtualBox:/home/test# cd ..
root@test-VirtualBox:/home#
```

图 3-15　进入上级目录的 cd 命令

3. 绝对路径和相对路径

cd 命令本身并不复杂，但其中涉及两个至关重要的概念：绝对路径和相对路径。初学者由于对字符界面不够熟悉,常常会因混淆这两个路径概念而犯错,如进入错误的目录、无法打开文件、打开的文件与系统文件不一致等。因此,我们首先需要明确区分这两种路径。

要理解绝对与相对,我们可以从日常生活的角度来思考。在现实生活中,并没有绝对的大或小、快或慢,这些只是由于参照物的不同或认知的局限而暂时被认为是绝对的、不可改变的。例如,目前我们认为光速是最快的速度,无法突破其限制,但随着技术的进步,未来也许能够突破这一限制。同样地,在计算机的文件系统中,绝对路径和相对路径也是基于当前的参照点(即当前目录)来定义的。

但在 Linux 的路径中是有绝对路径的,那是因为 Linux 有最高目录,也就是根目录。如果路径是从根目录开始,一级一级指定的,那使用的就是绝对路径。例如:

＃cd /usr/local/src/
＃cd /etc/rc0.d/K01

这些切换目录的方法使用的就是绝对路径。

所谓相对路径,是指从当前所在目录开始,切换目录。例如,在/目录中执行下面命令:

＃cd etc/

其中,所在路径是/目录,而/目录下有 etc 目录,所以可以切换。

虽然绝对路径输入更加烦琐,但是更准确,报错的可能性也更小。对初学者而言,还是建议大家使用绝对路径。本书为了使命令更容易理解,也会尽量使用绝对路径。

再举个例子,假设当前在/home 目录中。该如何使用相对路径进入/usr/local/src/目录中呢?

可以试试用下面命令:

＃cd ../usr/local/src/

从当前所在路径算起,".."代表进入上一级目录,而上一级目录是根目录,而根目录中有 usr 目录,就会一级一级地进入 src 目录,如图 3-16 所示。

＃cd ../usr/local/src/

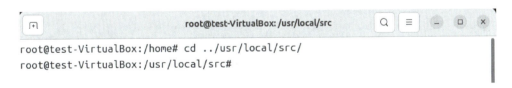

图 3-16 上级目录参数的其他用法

3.2.3 mkdir 命令

mkdir 是创建目录的命令,其基本信息如下。
- 命令名称:mkdir。
- 英文原意:make directories。

- 所在路径：/bin/mkdir。
- 执行权限：所有用户。
- 功能描述：创建空目录。

1. 命令格式

♯mkdir［选项］目录名

选项：

-p：递归建立所需目录。

mkdir 也是一个非常简单的命令，其主要作用就是新建一个空目录。

2. 常见用法

(1) 例 1：建立目录，如图 3-17 所示。

♯mkdir new_dir

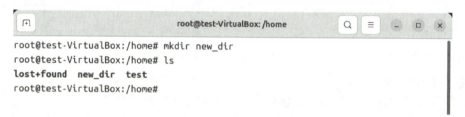

图 3-17　建立目录命令

建立一个名为 new_dir 的目录，通过 ls 命令可以查看到这个目录已经建立。注意：在建立目录的时候使用的是相对路径，所以这个目录被建立到当前目录下。

(2) 例 2：递归建立目录。

如果想建立一串空目录，应该怎么办呢？假如直接用上面的方法，看看能否实现，如图 3-18 所示。

♯mkdir new_dir/test

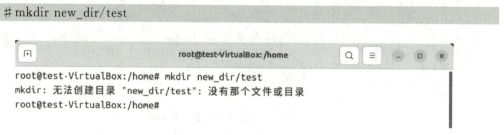

图 3-18　直接建立多级目录

从图 3-18 可以看到，想直接建立 new_dir 目录和它的子目录 test，这条命令没有正确执行。这是因为这两个目录都是不存在的，mkdir 默认只能在已经存在的目录中建立新目录。而如果需要建立一系列的新目录，则需要加入"-p"选项，递归建立才可以，如图 3-19 所示。

♯mkdir -p new_dir/test

图 3-19 -p 参数的 mkdir 命令

3.2.4 rmdir 命令

既然有建立目录的命令,就一定会有删除目录的命令 rmdir,其基本信息如下。

- 命令名称:rmdir。
- 英文原意:remove empty directories。
- 所在路径:/bin/rmdir。
- 执行权限:所有用户。
- 功能描述:删除空目录。

1. 命令格式

♯rmdir [选项] 目录名

选项:

-p:递归删除目录。

2. 常见用法

(1) 例 1:直接删除目录,如图 3-20 所示。

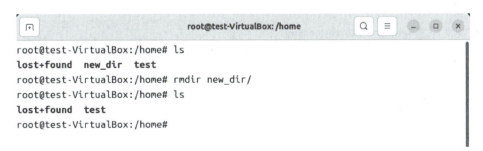

图 3-20 直接删除目录

就这么简单,命令后面加目录名称即可。

(2) 例 2：递归删除目录，如图 3-21 所示。

```
#ls
#ls new_dir/
#rmdir -p new_dir/test
#ls
```

```
root@test-VirtualBox:/home# ls
lost+found  new_dir  test
root@test-VirtualBox:/home# ls new_dir/
test
root@test-VirtualBox:/home# rmdir -p new_dir/test/
root@test-VirtualBox:/home# ls
lost+found  test
root@test-VirtualBox:/home#
```

图 3-21　递归删除目录

既然可以递归建立目录，当然也可以递归删除目录。

3.3　任务 3　熟悉文件操作命令

熟悉文件
操作命令

3.3.1　touch 命令

touch 的意思是触摸，如果文件不存在，则会建立空文件；如果文件已经存在，则会修改文件的时间戳（访问时间、数据修改时间、状态修改时间都会改变）。千万不要把 touch 命令当成新建文件的命令，牢牢记住这是触摸的意思。这个命令的基本信息如下。

- 命令名称：touch。
- 英文原意：change file timestamps。
- 所在路径：/bin/touch。
- 执行权限：所有用户。
- 功能描述：修改文件的时间戳。

1. 命令格式

```
#touch ［选项］文件名或目录名
```

选项：

-a：只修改文件的访问时间（access time）。

-c：如果文件不存在，则不建立新文件。

-d：把文件的时间改为指定的时间。

-m：只修改文件的数据修改时间(modify time)。

Linux 中的每个文件都有三个时间，分别是访问时间(access time)、数据修改时间(modify time)和状态修改时间(change time)。这三个时间可以通过 stat 命令查看。不过 touch 命令只能手工指定是只修改访问时间，还是只修改数据修改时间，而不能指定只修改状态修改时间。因为不论是修改访问时间，还是修改数据修改时间，对文件来讲，状态都会发生改变，所以状态修改时间也会随之改变。

2. 常见用法

(1) 例 1：文件不存在时，使用 touch 命令，如图 3-22 所示。

```
# ls
# touch new_file
# ls
```

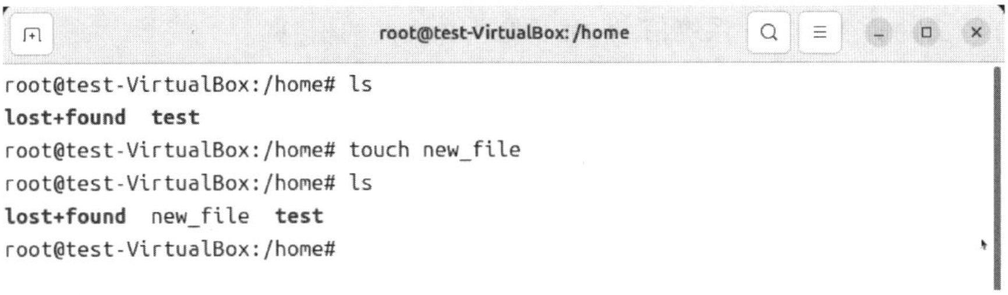
root@test-VirtualBox: /home
root@test-VirtualBox:/home# ls
lost+found test
root@test-VirtualBox:/home# touch new_file
root@test-VirtualBox:/home# ls
lost+found new_file test
root@test-VirtualBox:/home#

图 3-22　不存在文件时的 touch 命令

如果文件不存在，则会建立文件。

(2) 例 2：文件存在时，使用 touch 命令，如图 3-23 所示。

```
# ls -l
# touch test
# ls -l
```

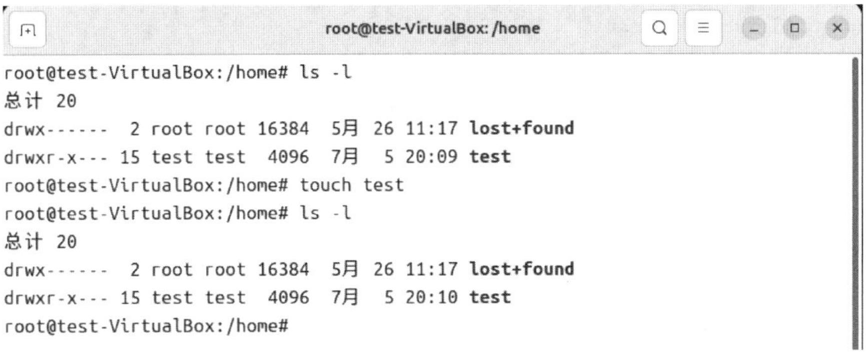
root@test-VirtualBox: /home
root@test-VirtualBox:/home# ls -l
总计 20
drwx------ 2 root root 16384 5月 26 11:17 lost+found
drwxr-x--- 15 test test 4096 7月 5 20:09 test
root@test-VirtualBox:/home# touch test
root@test-VirtualBox:/home# ls -l
总计 20
drwx------ 2 root root 16384 5月 26 11:17 lost+found
drwxr-x--- 15 test test 4096 7月 5 20:10 test
root@test-VirtualBox:/home#

图 3-23　存在文件时的 touch 命令

3.3.2 stat 命令

在 Linux 中,文件有访问时间、数据修改时间、状态修改时间这三个时间,而没有创建时间。stat 是查看文件详细信息的命令,而且可以看到文件的这三个时间,其基本信息如下。

- 命令名称:stat。
- 英文原意:display file or file system status。
- 所在路径:/usr/bin/stat。
- 执行权限:所有用户。
- 功能描述:显示文件或文件系统的详细信息。

1. 命令格式

#stat [选项] 文件名或目录名

选项:

-f:查看文件所在的文件系统信息,而不是查看文件的信息。

2. 常见用法

(1) 例 1:查看文件的详细信息,如图 3-24 所示。

#stat adduser.conf

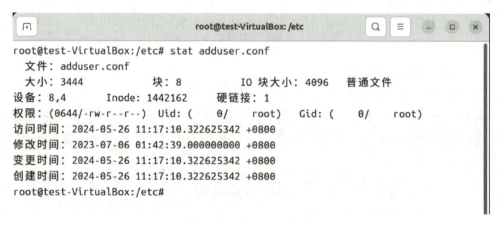

图 3-24 查看文件的详细信息

不加参数,直接使用 stat 查看文件的详细信息。

(2) 例 2:查看文件系统信息,如图 3-25 所示。

#stat -f adduser.conf

如果使用"-f"选项,则不再是查看指定文件的信息,而是查看这个文件所在的文件系统的信息。

图 3-25 查看文件系统信息

3.3.3 cat 命令

cat 命令用来查看文件内容,这个命令是 concatenate(连接、连续)的简写。这个命令的基本信息如下。

- 命令名称:cat。
- 英文原意:concatenate files and print on the standard output。
- 所在路径:/bin/cat。
- 执行权限:所有用户。
- 功能描述:合并文件并打印输出到标准输出。

1. 命令格式

♯cat [选项] 文件名

选项:

-A:相当于-vET 选项的整合,用于列出所有隐藏符号。

-E:列出每行结尾的回车符 $。

-n:显示行号。

-T:把 Tab 键用 I 显示出来。

-v:列出特殊字符。

2. 常见用法

cat 命令用于查看文件内容,无论文件大小,都会一次性显示全部内容。但是对于非常大的文件,使用 cat 命令可能导致文件开头的内容无法查看,因为屏幕无法容纳全部内容。尽管在 Linux 中可以通过"PgUp+上箭头"进行向上翻页查看,但这种翻页方式有局限性,如果文件足够长,仍然无法查看全部内容。因此,cat 命令更适合查看不太大的文件。Linux 提供了其他命令或方法来查看大文件,我们将在后续学习中探讨。cat 命令本身操作简单,可以直接用于查看文件内容。

(1) 例1:直接查看文件的内容。

通过 cat 命令直接查看文件内容,如图 3-26 所示。

♯cat adduser.conf

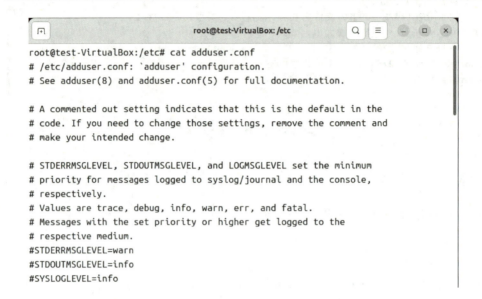

图 3-26 cat 命令直接查看文件的内容

(2) 例2:直接查看文件的内容,并显示行号。

如果使用"-n"选项,则会显示行号,如图 3-27 所示。

♯cat -n adduser.conf

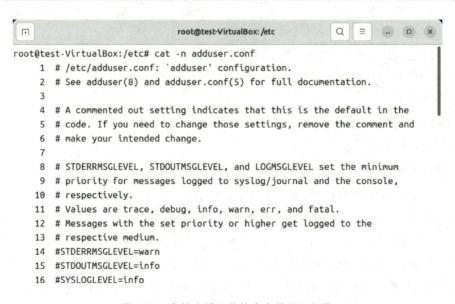

图 3-27 直接查看文件的内容并显示行号

（3）例 3：直接查看文件的内容，并列出所有隐藏符号。

如果使用"-A"选项，则相当于使用了"-vET"选项，可以查看文本中的所有隐藏符号，包括回车符（$）、Tab 键（I）等，如图 3-28 所示。

♯ cat -A adduser.conf

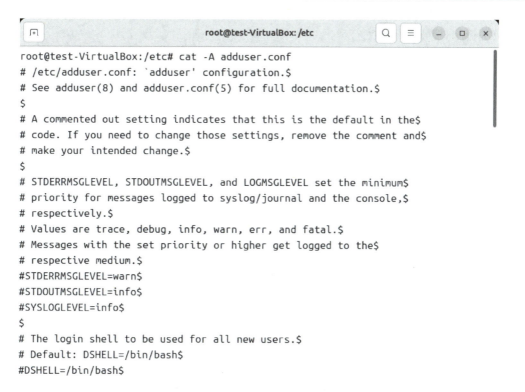

图 3-28　直接查看文件的内容并列出所有隐藏符号

3.3.4　more 命令

如果文件过大，则 cat 命令会有心无力，这时 more 命令的作用更加明显。more 是分屏显示文件的命令，其基本信息如下。

- 命令名称：more。
- 英文原意：file perusal filter for crt viewin。
- 所在路径：/bin/more。
- 执行权限：所有用户。
- 功能描述：分屏显示文件内容。

1. 命令格式

♯ more 文件名

more命令比较简单,一般不用选项,命令会打开一个交互界面,可以识别一些交互命令。常用的交互命令如下。

空格键:向下翻页。

b:向上翻页。

回车键:向下滚动一行。

/字符串:搜索指定的字符串。

q:退出。

2. 常见用法

通过more命令查看文件内容,如图3-29所示。

♯more adduser.conf

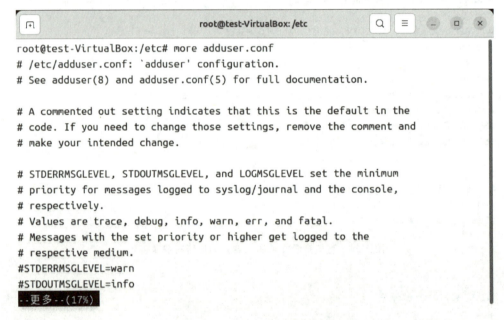

图3-29　more命令查看文件内容

3.3.5　less命令

less命令和more命令类似,只是more是分屏显示命令,而less是分行显示命令,其基本信息如下。

- 命令名称:less。
- 英文原意:opposite of more。
- 所在路径:/usr/bin/less。
- 执行权限:所有用户。

● 功能描述：分行显示文件内容。

1. 命令格式

命令格式如下：

♯less 文件名

2. 常见用法

less 命令可以使用上、下箭头，用于分行查看文件内容，如图 3-30 所示。

♯less adduser.conf

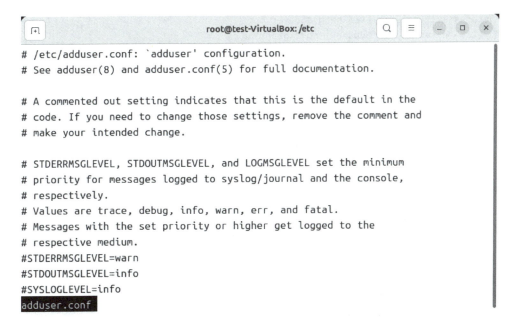

图 3-30　less 命令查看文件内容

3.3.6　head 命令

head 是用来显示文件开头的命令，其基本信息如下。

- 命令名称：head。
- 英文原意：output the first part of files。
- 所在路径：/usr/bin/head。
- 执行权限：所有用户。
- 功能描述：显示文件开头的内容。

1. 命令格式

♯head [选项] 文件名

选项：

-n:行数,从文件头开始,显示指定行数。

-v:显示文件名。

2. 常见用法

(1) 例 1:显示文件内容。

head 命令默认显示文件开头的 10 行内容,如图 3-31 所示。

♯head adduser.conf

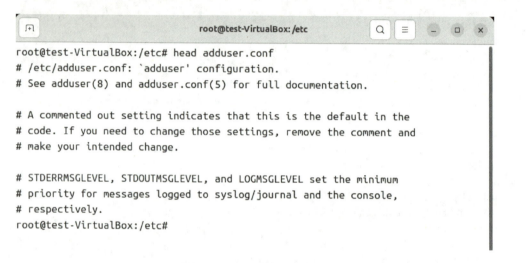

图 3-31　head 命令查看文件

(2) 例 2:以指定的行数显示文件内容。

如果想显示指定行数的内容,则只需使用"-n"选项即可,如图 3-32 所示。

♯head -n 5 adduser.conf

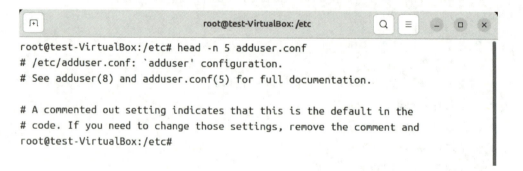

图 3-32　head 命令按指定行数显示文件内容

3.3.7 tail 命令

既然有显示文件开头的命令,就会有显示文件结尾的命令。tail 命令的基本信息如下。
- 命令名称:tail。
- 英文原意:output the last part of files。
- 所在路径:/usr/bin/tail。
- 执行权限:所有用户。
- 功能描述:显示文件结尾的内容。

1. 命令格式

♯tail [选项] 文件名

选项:

-n:行数,从文件结尾开始,显示指定行数。

-f:监听文件的新增内容。

2. 常见用法

(1) 例 1:基本用法。

tail 命令和 head 命令的格式基本一致,默认显示文件内容的后行,如图 3-33 所示。

♯tail adduser.conf

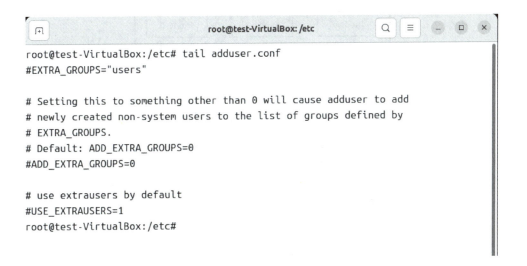

图 3-33　tail 命令显示文件末尾内容

(2) 例 2:以指定的行数显示文件内容。

如果想显示指定行数的内容,则只需使用"-n"选项即可,如图 3-34 所示。

♯tail -n 5 adduser.conf

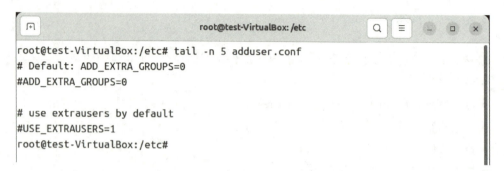

图 3-34　tail 命令按指定行数显示文件末尾内容

3.3.8　ln 命令

1. ext 文件系统简介

要清晰地解释 ln 命令，首先需要阐述 ext 文件系统的工作原理。分区的格式化实质上就是向其中写入文件系统，而 Linux 当前主要采用的是 ext4 文件系统。若要直观地理解 ext4 文件系统，则可以借助一张示意图来辅助说明，如图 3-35 所示。

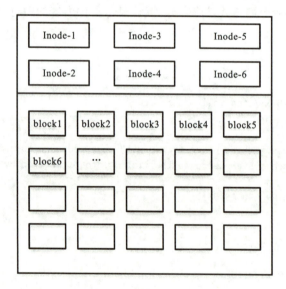

图 3-35　ext4 文件系统示意图

ext4 文件系统将分区主要划分为两大部分：一小部分用于存储文件的 inode(i 节点)信息，而剩余的大部分则用于存储 block 信息。每个 inode 的默认大小为 128 B，负责记录文件的权限(如读、写、执行)、文件的所有者和所属组、文件的大小、文件的状态改变时间(ctime)、文件的最近一次读取时间(atime)、文件的最近一次修改时间(mtime)，以及文件数据实际存储的 block 编号。值得注意的是，每个文件都需要占用一个 inode。仔细观察会发现,inode 中并不记录文件名,因为文件名是存储在文件所在目录的 block 中的。

block 的大小可以是 1 KB、2 KB、4 KB,默认为 4 KB。block 用于实际的数据存储,如果一个 block 放不下数据,则可以占用多个 block。例如,有一个 10 KB 的文件需要存储,则会占用 3 个 block,虽然最后一个 block 不能占满,但也不能再放入其他文件的数据。这 3 个 block 有可能是连续的,也有可能是分散的。

2. ln 命令

了解了 ext 文件系统的概念,下面来看看 ln 命令的基本信息。
- 命令名称:ln。
- 英文原意:make links between file。
- 所在路径:/bin/ln。
- 执行权限:所有用户。
- 功能描述:在文件之间建立链接。

3. 命令格式

♯ln [选项] 源文件 目标文件

选项:

-s:建立软链接文件。如果不加"-s"选项,则建立硬链接文件。

-f:强制。如果目标文件已经存在,则删除目标文件后再建立链接文件。

4. 常见用法

(1) 例 1:创建硬链接。

建立硬链接文件,目标文件没有写文件名,会和原名一致,也就是/root/cangls 和/tmp/cangls 是硬链接文件,如图 3-36 所示。

```
♯touch cangls
♯ln /root/cangls /tmp/
♯ls /tmp/cangls
```

图 3-36 创建硬链接

(2) 创建软链接,如图 3-37 所示。

这里需要注意,软链接文件的源文件必须写成绝对路径,而不能写成相对路径(硬链接没有这样的要求),否则软链接文件会报错。这是初学者非常容易犯的错误。

```
# touch bols
# ln -s /root/bols /tmp/
# ls /tmp/bols
```

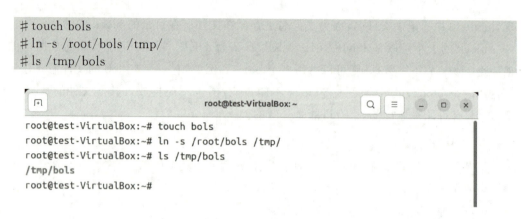

图 3-37 创建软链接

创建硬链接和软链接相对简单，但二者的区别及其各自的作用却往往让人困惑。这正是理解链接文件时最复杂之处，接下来我们分别进行阐述。

5. 硬链接

再来建立一个硬链接文件，然后看看这两个文件的特点。我们先建立源文件 test，然后给源文件建立硬链接文件/tmp/test-hard。通过查看两个文件的详细信息，可以发现这两个文件的 inode 号是一样的，"ll"等同于"ls -l"，如图 3-38 所示。

```
# touch test
# ln /root/test /tmp/test-hard
# ll -i /root/test /tmp/test-hard
```

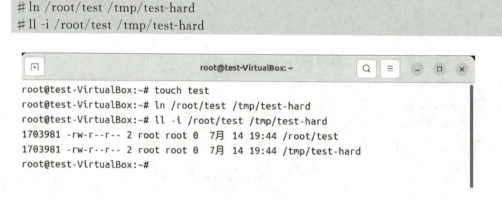

图 3-38 建立硬链接文件并查看文件

这里有一件很奇怪的事情，我们之前在讲 inode 号的时候说过，每个文件的 inode 号都应该是不一样的。inode 号就相当于文件 ID，在查找文件的时候，要先查找 inode 号，才能读取到文件的内容。

但是这里源文件和硬链接文件的 inode 号居然是一样的，那在查找文件的时候，到底找到的是哪一个文件呢？我们来看一下示意图（见图 3-39）。

inode 信息中是不会记录文件名称的，而是把文件名记录在上级目录的 block 中。也就是说，目录的 block 中记录的是这个目录下所有一级子文件和子目录的文件名及对应的 in-

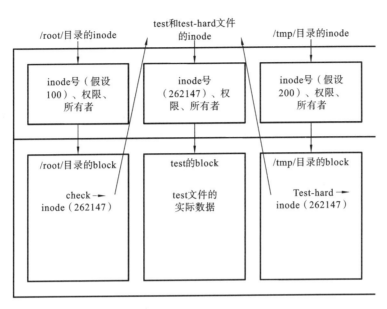

图 3-39　硬链接示意图

ode;而文件的 block 中记录的才是文件实际的数据。当查找一个文件,如/root/test 时,要经过以下步骤:

(1) 首先找到根目录的 inode(根目录的 inode 是系统已知的,inode 号是 2),然后判断用户是否有权限访问根目录的 block。

(2) 如果有权限,则可以在根目录的 block 中访问到/root/文件名及对应的 inode 号。

(3) 通过/root/目录的 inode 号,可以查找到/root/目录的 inode 信息,接着判断用户是否有权限访问/root/目录的 block。

(4) 如果有权限,则可以从/root/目录的 block 中读取到 test 文件的文件名及对应的 inode 号。

(5) 通过 test 文件的 inode 号,就可以找到 test 文件的 inode 信息,接着判断用户是否有权限访问 test 文件的 block。

(6) 如果有权限,则可以读取 block 中的数据,这样就完成了/root/test 文件的读取与访问。

按照这个步骤,在给源文件/root/test 建立了硬链接文件/tmp/test-hard 之后,在/root/目录和/tmp/目录的 block 中就会建立 test 和 test-hard 的信息,这个信息主要就是文件名和对应的 inode 号。但是我们会发现 test 和 test-hard 的 inode 信息居然是一样的,那么,我们无论访问哪个文件,最终都会访问 inode 号是 262147 的文件信息。这就是硬链接的原理。硬链接的特点如下:

(1) 不论是修改源文件(test 文件),还是修改硬链接文件(test-hard 文件),另一个文件中的数据都会发生改变。

(2) 不论是删除源文件,还是删除硬链接文件,只要还有一个文件存在,这个文件(in-

ode 号是 262147 的文件)都可以被访问。

(3) 硬链接不会建立新的 inode 信息,也不会更改 inode 的总数。

(4) 硬链接不能跨文件系统(分区)建立,因为在不同的文件系统中,inode 号是重新计算的。

(5) 硬链接不能链接目录,因为如果给目录建立硬链接,那么不仅目录本身需要重新建立,目录下所有的子文件,包括子目录中的所有子文件都需要建立硬链接,这对当前的 Linux 来讲过于复杂。

硬链接的限制比较多,既不能跨文件系统,也不能链接目录,而且源文件和硬链接文件之间除 inode 号是一样的之外,没有其他明显的特征。这些特征都使得硬链接并不常用,大家有所了解就好。

6. 软链接

软链接也称为符号链接,相比硬链接来讲,软链接就要常用多了。首先建立一个软链接,再来看看软链接的特点。

```
# touch check
# ln -s /root/check /tmp/check-soft
# ll -id /root/check /tmp/check-soft
```

如图 3-40 所示,首先建立源文件 check,然后建立软链接文件 check-soft,可以看到,软链接和源文件的 inode 号不一样,软链接通过"->"明显地标识出源文件的位置,在软链接的权限位 lrwxrwxrwx 中,l 就代表软链接文件。

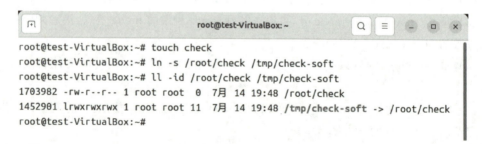

图 3-40　建立软链接文件并查看文件

需要注意的是,软链接的源文件必须写绝对路径,否则建立的软链接文件就会报错,无法正常使用。

软链接的标志非常明显,首先,权限位中"r"表示这是一个软链接文件;其次,在文件的后面通过"->"显示出源文件的完整名字。所以软链接比硬链接的标志要明显得多,而且软链接也不像硬链接的限制那样多,比如软链接可以链接目录,也可以跨分区来建立软链接。

软链接在功能上类似于 Windows 的快捷方式,因此我们更推荐使用软链接而非硬链接。在学习软链接时,大家可能会好奇:Windows 的快捷方式是为了解决源文件位置过深、不易查找的问题,将其放在桌面以便快速访问,那么 Linux 中的软链接又有什么用呢? 实际上,软链接主要是为了适应管理员的使用习惯。例如,有些系统的自启动文件是/etc/rc.local,而有些系统则将其放置在/etc/rc.d/rc.local。这时,可以为这两个文件创建软链接,无论管理员习惯于操作哪一个文件,都能达到相同的效果。

通过细心查看,我们应该可以发现软链接和源文件的 inode 号是不一致的,通过示意图来看看软链接的原理,如图 3-41 所示。

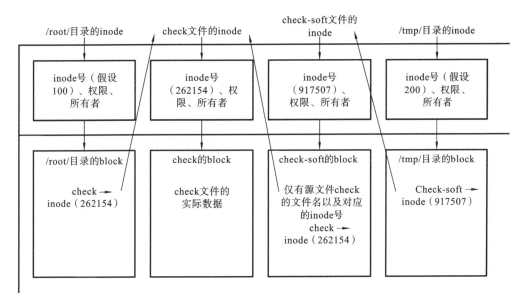

图 3-41 软链接示意图

软链接和硬链接在原理上最主要的不同在于:硬链接不会建立自己的 inode 索引和 block(数据块),而是直接指向源文件的 inode 信息和 block,所以硬链接文件和源文件的 inode 号是一致的;而软链接会真正建立自己的 inode 索引和 block,所以软链接文件和源文件的 inode 号是不一致的,而且在软链接的 block 中,写的不是真正的数据,而仅仅是源文件的文件名及 inode 号。

通过下面访问软链接的步骤,比较与访问硬链接的步骤有何不同。

(1) 首先找到根目录的 inode 索引信息,然后判断用户是否有权限访问根目录的 block。

(2) 如果有权限访问根目录的 block,则会在 block 中查找到/tmp/目录的 inode 号。

(3) 接着访问/tmp/目录的 inode 信息,判断用户是否有权限访问/tmp/目录的 block。

(4) 如果有权限,则会在 block 中读取到软链接文件 check-soft 的 inode 号。因为软链接文件会真正建立自己的 inode 索引和 block,所以软链接文件和源文件的 inode 号是不一样的。

(5) 通过软链接文件的 inode 号,找到了 check-soft 文件的 inode 信息,判断用户是否有权限访问 block。

（6）如果有权限，则会发现check-soft文件的block中没有实际数据，仅有源文件check的inode号。

（7）接着通过源文件的inode号，访问到源文件check的inode信息，判断用户是否有权限访问block。

（8）如果有权限，则会在check文件的block中读取到真正的数据，从而完成数据访问。

通过这个过程，我们就可以总结出软链接的特点（软链接的特点和Windows中的快捷方式完全一致）。

（1）不论是修改源文件（check），还是修改软链接文件（check-soft），另一个文件中的数据都会发生改变。

（2）删除软链接文件，源文件不受影响。而删除源文件，软链接文件将找不到实际的数据，从而显示文件不存在。

（3）软链接会新建自己的inode信息和block，只是在block中不存储实际文件数据，而存储的是源文件的文件名及inode号。

（4）软链接可以链接目录。

（5）软链接可以跨分区。

3.4　任务4　熟悉帮助命令

3.4.1　man命令

man是最常见的帮助命令，也是Linux最主要的帮助命令，其基本信息如下。
- 命令名称：man。
- 英文原意：format and display the on-line manual pages。
- 所在路径：/usr/bin/man。
- 执行权限：所有用户。
- 功能描述：显示联机帮助手册。

1. 命令格式

｜♯man［选项］命令

选项：

-f：查看命令拥有哪个级别的帮助。

-k：查看与命令相关的所有帮助。

man命令比较简单，我们举个例子：

｜♯man ls

这就是man命令的基本使用方法，非常简单。

2. 常用用法

还是查看 ls 命令的帮助，可以看到帮助信息的详细内容，如图 3-42 所示。

♯ man ls

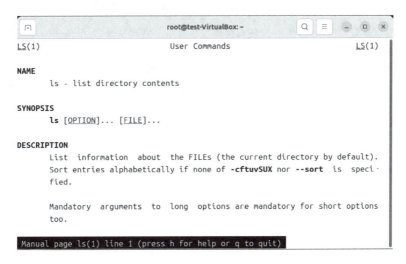

图 3-42　查看 ls 命令的帮助

虽然不同命令的 man 信息有一些区别，但是每个命令 man 信息的整体结构皆如演示的这样。在帮助信息中，我们主要查看的就是命令的格式和选项的详细作用。

不过大家请注意，在 man 信息的最后，可以看到还有哪些命令查看到此命令的相关信息。这是非常重要的提示，不同的帮助信息记录的侧重点是不太一样的。所以，如果在 man 信息中找不到想要的内容，则可以尝试查看其他相关帮助命令。

3. man 命令的快捷键

man 命令的快捷键如表 3-2 所示。

表 3-2　man 命令的快捷键表

快捷键	作用
上箭头	向上移动一行
下箭头	向下移动一行
PgUp	向上翻一页
PgDn	向下翻一页
g	移动到第一页
G	移动到最后一页
q	退出
/字符串	从当前页向下搜索字符串

续表

快捷键	作用
？字符串	从当前页向上搜索字符串
n	当搜索字符串时,可以使用 n 键找到下一个字符串
N	当搜索字符串时,使用 N 键反向查询字符串。也就是说,如果使用"/字符串"方式搜索,则 N 键表示向上搜索字符串;如果使用"？字符串"方式搜索,则 N 键表示向下搜索字符串

man 是比较简单的命令,在这里只演示一下搜索方法,如图 3-43、图 3-44 所示。

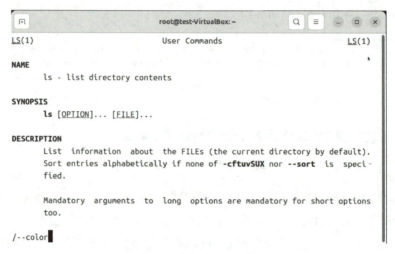

图 3-43　man 命令从当前页向下搜索字符串

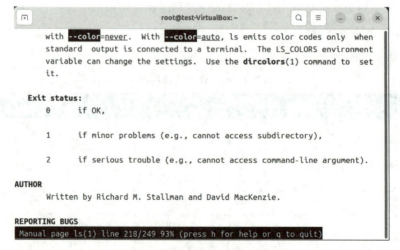

图 3-44　man 命令的演示

搜索内容是常用的技巧,可以方便地找到需要的信息。输入命令回车之后,可以快速找到第一个"--color"字符串;再按"n"键,就可以找到下一个"--color"字符串;如果按"N"键,则可以找到上一个"--color"字符串。

4. man 命令的帮助级别

需要注意的是,在执行 man 命令时,命令的开头会有一个数字标识这个命令的帮助级别,如图 3-45 所示。

♯man ls

图 3-45 man 命令的帮助级别

这里的"(1)"就代表这是 ls 的 1 级别的帮助信息。这些命令的级别号的含义如表 3-3 所示。

表 3-3 man 命令的帮助级别表

级别	含义
1	普通用户可以执行的系统命令和可执行文件的帮助
2	内核可以调用的函数和工具的帮助
3	C 语言函数的帮助
4	设备和特殊文件的帮助
5	配置文件的帮助
6	游戏的帮助(个人版的 Linux 中是有游戏的)
7	杂项的帮助
8	超级用户可以执行的系统命令的帮助
9	内核的帮助

从图 3-45 可以看到,ls 命令的帮助级别是 1。下面找一个只有超级用户才能执行的命令,如 useradd 命令(添加用户的命令),来看看这个命令的帮助级别,如图 3-46 所示。

♯man useradd

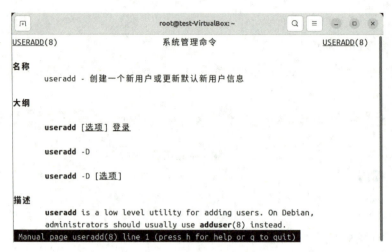

图 3-46　useradd 命令的帮助信息

可以看到，默认 useradd 命令的帮助级别是只有超级用户才可以执行的命令。

命令拥有哪个级别的帮助可以通过"-f"选项来进行查看，如图 3-47 所示。

```
# man -f ls
```

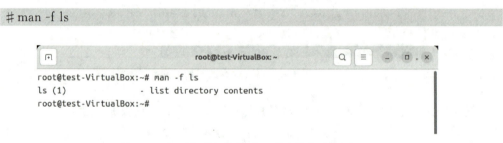

图 3-47　通过"-f"参数查看 ls 命令的帮助级别

ls 是一个比较简单的 Linux 命令，所以只有 1 级别的帮助。下面再查看一下 passwd 命令的帮助级别，如图 3-48 所示。

```
# man -f passwd
```

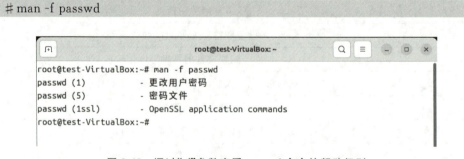

图 3-48　通过"-f"参数查看 passwd 命令的帮助级别

man 命令还有一个"-k"选项，它的作用是查看命令名中包含指定字符串的所有相关命令的帮助，如图 3-49 所示。

```
# man -k useradd
```

项目三　熟练使用 Linux 基本命令

图 3-49　通过"-k"参数查看 useradd 命令的所有相关命令信息

3.4.2　info 命令

info 命令也可以获取命令的帮助。与 man 命令不同的是，info 命令的帮助信息是一套完整的资料，每个单独命令的帮助信息只是这套完整资料中的某一个小章节。大家可以把 info 帮助信息看成一部独立的电子书，所以每个命令的帮助信息都会和书籍一样，拥有章节编号。

1. 命令格式

♯ info 命令

2. 常用用法

♯ info ls

从图 3-50 可以看到，ls 命令的帮助只是整个 info 帮助信息中的第 10.1 节。在这个帮助信息中，如果标题的前面有"＊"符号，则代表这是一个可以进入查看详细信息的子页面，只要按下回车键就可以进入，如图 3-51 所示。

♯ infols

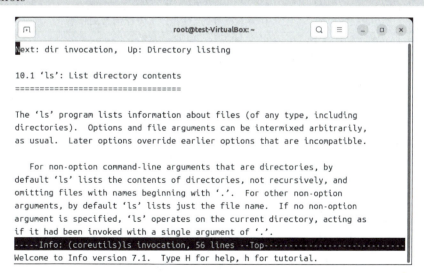

图 3-50　通过 info 命令获得 ls 命令的帮助信息

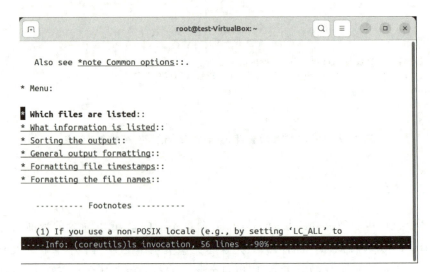

图 3-51　查看详细信息的子页面

这是 ls 命令的 info 帮助信息中可以查看详细的子页面的标题。info 命令主要是靠快捷键来进行操作的，常用的快捷键如表 3-4 所示。

表 3-4　info 命令的常用快捷键

快捷键	作用
上箭头	向上移动一行
下箭头	向下移动一行
PgUp	向上翻一页
PgDn	向下翻一页
Tab	在有"＊"符号的节点间进行切换
回车	进入有"＊"符号的子页面，查看详细帮助信息
u	进入上一层信息（回车是进入下一层信息）
n	进入下一小节信息
p	进入上一小节信息
?	查看帮助信息
q	退出 info 信息

3.4.3　help 命令

help 是非常简单的命令，但不经常使用。因为 help 只能获取 Shell 内置命令的帮助，但在 Linux 中绝大多数命令是外部命令，所以 help 命令的作用非常有限。而且内置命令也可以使用 man 命令获取帮助。help 命令的基本信息如下。

- 命令名称：help。

- 英文原意：help。
- 所在路径：Shell 内置命令。
- 执行权限：所有用户。
- 功能描述：显示 Shell 内置命令的帮助。

1. 命令格式

♯help 内置命令

2. 常用用法

Linux 中有哪些命令是内置命令呢？我们可以随意使用 man 命令来查看一个内置命令的帮助，如图 3-52 所示。

♯man more

图 3-52　通过 man 命令查看 more 命令的帮助信息

3.5　任务 5　熟悉搜索命令

Linux 具备强大的搜索功能，但是这种强大也伴随着一定的复杂性，主要体现在搜索命令选项繁多，不易记忆。不过，这些命令并不难理解。使用搜索命令时，需留意搜索范围和内容，避免过大或过多，以免给系统带来过大压力。因此，不建议在服务器访问高峰期执行大范围的搜索命令。

3.5.1　whereis 命令

whereis 是搜索系统命令的命令，也就是说，whereis 命令不能搜索普通文件，而只能搜索系统命令。

whereis命令的基本信息如下。

- 命令名称:whereis。
- 英文原意:locate the binary, source, and manual page files for a command。
- 所在路径:/usr/bin/whereis。
- 执行权限:所有用户。
- 功能描述:查找二进制命令、源文件和帮助文档的命令。

1. 命令格式

whereis命令不仅可以搜索二进制命令,还可以找到命令的帮助文档的位置。

```
#whereis [选项] 命令
```

选项:

-b:只查找二进制命令。

-m:只查找帮助文档。

2. 常用用法

whereis命令的使用比较简单,常用用法如图3-53所示。

```
#whereis ls
```

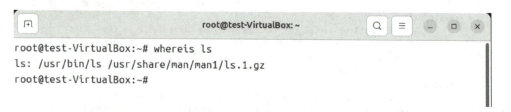

图3-53 whereis命令的使用

需要注意的是,如果使用whereis命令查看普通文件,则无法查找到。

3.5.2 which命令

which也是搜索系统命令的命令。与whereis命令的区别在于,whereis命令可以在查找到二进制命令的同时,查找到帮助文档的位置;而which命令在查找到二进制命令的同时,如果这个命令有别名,则还可以找到别名命令。

- 命令名称:which。
- 英文原意:shows the full path of (shell) commands。
- 所在路径:/usr/bin/which。
- 执行权限:所有用户。
- 功能描述:列出命令的所在路径。

1. 命令格式

```
# which 命令
```

2. 常用用法

which 命令非常简单，可用选项也不多，常用用法如图 3-54 所示。

```
# which ls
```

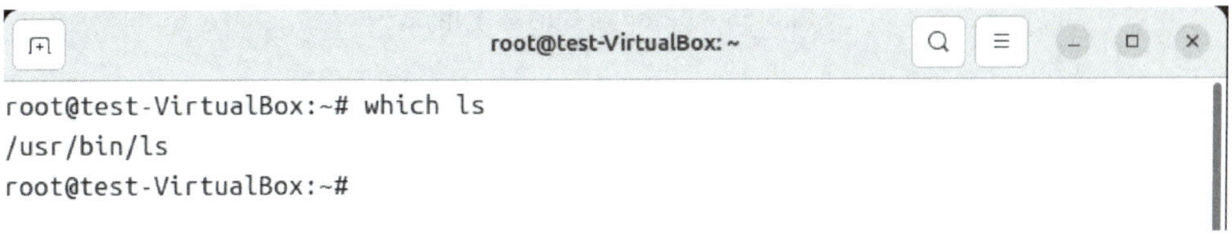
root@test-VirtualBox: ~
root@test-VirtualBox:~# which ls
/usr/bin/ls
root@test-VirtualBox:~#

图 3-54　which 命令的使用

3.5.3　locate 命令

whereis 和 which 命令都仅限于搜索系统命令，而 locate 命令则是专门根据文件名来搜索普通文件的工具。不过，locate 命令的局限性也很显著，它只能依据文件名进行搜索，无法执行更复杂的搜索操作，如按权限、大小、修改时间等条件搜索文件。若需要按照复杂的条件进行搜索，则只能依赖功能更为强大的 find 命令。

尽管有局限性，locate 命令的优点还是非常突出，即搜索速度极快且对系统资源的消耗非常小。这是因为 locate 命令并不会直接搜索硬盘空间，而是先建立 locate 数据库，然后在该数据库中根据文件名进行搜索，因此它是一种非常快速的搜索命令。

- 命令名称：locate。
- 英文原意：find files by name。
- 所在路径：/usr/bin/locate。
- 执行权限：所有用户。
- 功能描述：按照文件名搜索文件。

1. 命令格式

locate 命令只能按照文件名来进行搜索，所以使用比较简单。

```
# locate [选项] 文件名
```

选项：

-i：忽略大小写

2. 常用用法

(1) 例 1：基本用法。

搜索 Linux 的安装日志，如图 3-55 所示。

```
# locate install.log
```

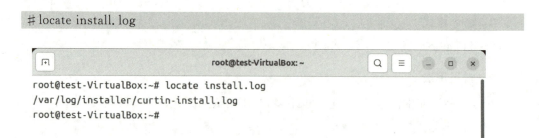

图 3-55 locate 命令的基本用法

系统命令其实也是文件,也可以按照文件名来搜索系统命令。

(2) 例 2:locate 命令的数据库。

我们在使用 locate 命令的时候,可能会发现一个问题:如果新建立一个文件,那么 locate 命令找不到这个文件,如图 3-56 所示。

```
# touch mytest
# locate mytest
```

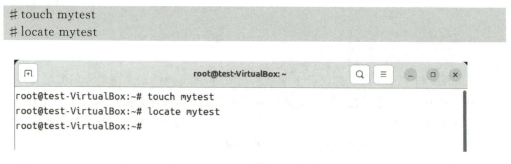

图 3-56 locate 命令找不到文件的情况

这是因为 locate 命令不会直接搜索硬盘空间,而是搜索 locate 数据库。这样做的好处是耗费系统资源小、搜索速度快;缺点是数据库不是实时更新的,而要等用户退出登录或重启系统时,locate 数据库才会更新,所以无法查找到新建立的文件。

既然如此,locate 命令的数据库在哪里呢? locate 数据库的查看如图 3-57 所示。

```
# ll /var/lib/plocate/plocate.db
```

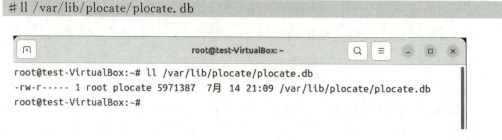

图 3-57 查看 locate 数据库

这个数据库是二进制文件,不能直接使用 vi 等编辑器查看,而只能使用对应的 locate 命令进行搜索。如果不想退出登录或重启系统,则可以通过 updatedb 命令来手工更新这个数据,如图 3-58 所示。

```
# updatedb
# locate mytest
```

图 3-58　更新 locate 数据库

3.5.4　find 命令

Linux 中的 find 命令是一个非常强大的搜索工具,它不仅能根据文件名来搜索文件,还可以根据文件的权限、大小、时间、inode 号等多种属性进行搜索。然而,find 命令直接在硬盘上执行搜索操作,如果指定的搜索范围过大,则会消耗大量的系统资源,进而给服务器带来过大的压力。因此,当使用 find 命令进行搜索时,建议避免指定过大的搜索范围。find 命令的基本信息如下。

- 命令名称:find。
- 英文原意:search for files in a directory hierarchy。
- 所在路径:/bin/find。
- 执行权限:所有用户。
- 功能描述:在目录中搜索文件。

1. 命令格式

```
# find 搜索路径 [选项] 搜索内容
```

find 是比较特殊的命令,它有两个参数:第一个参数用来指定搜索路径;第二个参数用来指定搜索内容。

find 命令的选项如下。

-name:按照文件名搜索。

-iname:按照文件名搜索,不区分文件名大小写。

-inum:按照 inode 号搜索。

-size:按照指定大小搜索文件。

-atime:按照文件访问时间搜索。

-mtime:按照文件数据修改时间搜索。

-ctime:按照文件状态修改时间搜索。

-perm 权限模式:查找文件权限刚好等于"权限模式"的文件。

-perm -权限模式:查找文件权限全部包含"权限模式"的文件。

-perm ＋权限模式:查找文件权限包含"权限模式"的任意一个权限的文件。

-uid 用户 ID:按照用户 ID 查找所有者是指定 ID 的文件。

-gid 组 ID:按照用户组 ID 查找所属组是指定 ID 的文件。

-user 用户名:按照用户名查找所有者是指定用户的文件。

-group 组名:按照组名查找所属组是指定用户组的文件。

-nouser:查找没有所有者的文件。

-type d:查找目录。

-type f:查找普通文件。

-type l:查找软链接文件。

-a:and 逻辑与。

-o:or 逻辑或。

-not:not 逻辑非。

2. 常用用法

(1) 例 1:按照文件名搜索,如图 3-59 所示。

♯find / -name cangls

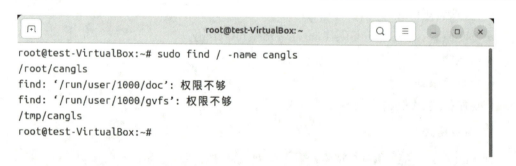

图 3-59 按照文件名搜索

find 命令有一个特性:就是搜索的文件名必须和你的搜索内容一致才能找到。find 能够找到的是只有和搜索内容"yum.conf"一致的文件,如果是/boot/yum.conf.bak 文件,虽然含有搜索关键字,但是不会被找到。这种特性我们总结为:find 命令查找的是完全匹配的文件,必须和搜索关键字一模一样才会列出。

(2) 例 2:按照 inode 号搜索。

每个文件都有 inode 号,如果知道 inode 号,则可以按照 inode 号来搜索文件,如图 3-60 所示。

♯ls -i test
♯find . -inum 1703981

```
root@test-VirtualBox:~# ls -i test
1703981 test
root@test-VirtualBox:~# find . -inum 1703981
./test
root@test-VirtualBox:~#
```

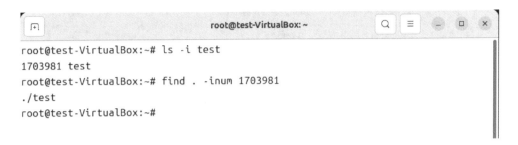

图 3-60　查看 inode 号并按照 inode 号搜索

（3）例 3：按照文件大小搜索。

命令选项采用“-size [+|-]大小”，这里“+”的意思是搜索比指定大小还要大的文件，“-”的意思是搜索比指定大小还要小的文件。例如，搜索小于 25 KB 的文件，如图 3-61 所示。

```
#find . -size -25k
```

```
root@test-VirtualBox:~# find . -size -25k
.
./.bashrc
./.config
./.config/fcitx5
./.config/fcitx5/profile
./.config/fcitx5/conf
./.cache
./.cache/mesa_shader_cache
./.cache/dconf
./.cache/dconf/user
./mytest
./test
./check
./.lesshst
./cangls
./.profile
```

图 3-61　按照文件大小搜索

（4）例 4：按照修改时间搜索。

Linux 中的文件有访问时间（atime）、数据修改时间（mtime）、状态修改时间（ctime）这三个时间，我们也可以按照时间来搜索文件。例如，查找 5 天内修改的文件，如图 3-62 所示。

```
#find . -mtime -5
```

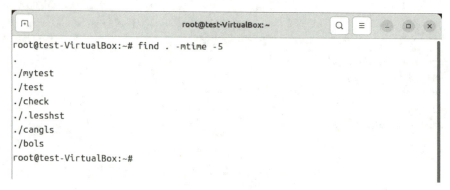

图 3-62　按照修改时间搜索

(5) 例 5：按照权限搜索。

find 命令也可以按照文件的权限来进行搜索，如图 3-63 所示。权限也支持[＋/-]选项。

```
# touch test1
# touch test2
# touch test3
# touch test4
# chmod 755 test1
# chmod 444 test2
# chmod 600 test3
# chmod 200 test4
# find . -perm 444
# find . -perm 200
```

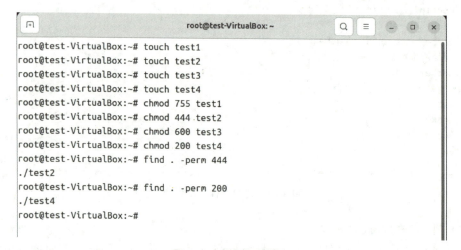

图 3-63　按照权限搜索

(6) 例 6：按照所有者和所属组搜索。

按照所有者和所属组搜索比较简单，就是按照文件的所有者和所属组来进行文件的查找。在 Linux 操作系统中，绝大多数文件都是使用 root 用户身份建立的，所以在默认情况下,绝大多数系统文件的所有者都是 root。例如,在当前目录中查找所有者是 root 的文件,如图 3-64 所示。

```
# find . -user root
```

图 3-64　按照所有者和所属组搜索

(7) 例 7:按照文件类型搜索。

这个命令也很简单,主要按照文件类型进行搜索。在一些特殊情况下,比如需要把普通文件和目录文件区分开,使用这个选项就很方便。例如,查找/etc/目录下的子目录,如图 3-65 所示。

```
# find /etc -type d
```

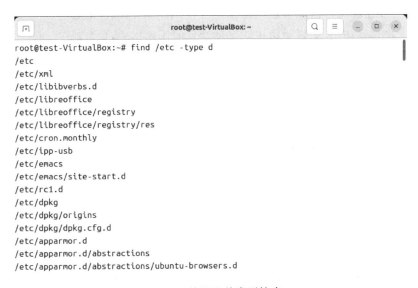

图 3-65　按照文件类型搜索

(8) 例 8：多条件组合搜索。

find 命令也支持逻辑运算符选项，其中-a 代表逻辑与运算，也就是-a 的两个条件都成立，find 搜索的结果才成立。例如，在当前目录下搜索大于 2 KB，并且文件类型是普通文件的文件，如图 3-66 所示。

♯ find. -size ＋2k -a -type f

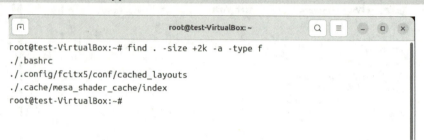

图 3-66 多条件组合搜索

3.6 任务 6 熟悉压缩与解压命令

3.6.1 压缩文件概述

当系统中需要复制和保存大量文件时，将它们打包成压缩包是一个不错的选择。打包压缩是一项常规操作，在 Windows 和 Linux 操作系统中都相当普遍。Windows 操作系统中常见的压缩包格式包括".zip"".rar"和".7z"等。然而，对于普通用户而言，无需深入理解这些不同压缩格式的算法差异及压缩比的不同，只要能够在遇到这些压缩包时正确地进行解压，以及在需要压缩文件时能够正确操作，就达到了使用压缩包的目的。

在 Linux 操作系统中，同样可以识别多种常见的压缩格式，如".zip"".gz"".bz2"".tar"".tar.gz"和".tar.bz2"等。对于这些压缩格式的具体差异，我们无需深入了解，只要能够正确地解压对应的压缩包，并在需要时进行压缩操作即可。

另外，值得注意的是，Linux 操作系统并不依赖文件的扩展名来区分文件类型，而是依赖于文件的权限。那么，为什么压缩包还需要区分".gz"或".bz2"等不同的扩展名呢？这是因为在 Linux 中，不同的压缩方法需要不同的解压缩方法。这里的扩展名并不是 Linux 操作系统本身所必需的（因为 Linux 不区分扩展名），而是为了给用户提供一个标识，以便他们知道压缩包的格式。只有了解了正确的压缩格式，用户才能选择正确的解压缩命令进行操作。

可以设想一下，如果你压缩了一个文件，并给它起了一个名为"abc"的名字，那么今天你知道这是一个压缩包并可以解压缩它。但半年之后呢？你可能就忘记了。然而，如果你将它命名为"etc_bak.tar.gz"，那么无论何时、无论哪个用户看到这个名字，都会立刻明白这是/etc/目录的备份压缩包。因此，为压缩文件严格区分扩展名是非常重要的，尽管这不是系统运行的必需条件，但它对于管理员来说，是区分文件类型的一种有效方式。

3.6.2 zip 格式

".zip"是 Windows 中最常用的压缩格式,Linux 也可以正确识别".zip"格式,这能方便地和 Windows 操作系统通用压缩文件。

熟悉压缩与解压命令

1. zip 格式的压缩命令

".zip"格式的压缩命令就是 zip,其基本信息如下。

- 命令名称:zip。
- 英文原意:package and compress (archive) files。
- 所在路径:/usr/bin/zip。
- 执行权限:所有用户。
- 功能描述:压缩文件或目录。

(1) 压缩命令的格式。

♯zip [选项] 压缩包名 源文件或源目录

选项:

-r:压缩目录

(2) 压缩命令的常用用法。

zip 压缩命令需要手工指定压缩之后的压缩包名,注意写清楚扩展名,以方便解压缩时使用。例如,将 anaconda-ks.cfg 文件压缩为 ana.zip 文件,如图 3-67 所示。

♯zip ana.zip anaconda-ks.cfg
♯ll ana.zip

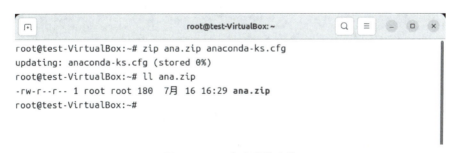

图 3-67 zip 命令压缩文件

如果想要压缩目录,则需要使用"-r"选项,如图 3-68 所示。

♯mkdir dirl
♯zip -r dirl.zip dirl/
♯ll dirl.zip

2. zip 格式的解压缩命令

".zip"格式的解压缩命令是 unzip,其基本信息如下。

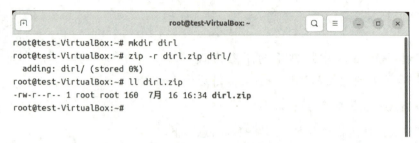

图 3-68 zip 命令压缩目录

- 命令名称：unzip。
- 英文原意：list，test and extract compressed files in a ZIP archive。
- 所在路径：/usr/bin/unzip。
- 执行权限：所有用户。
- 功能描述：列表、测试和提取压缩文件中的文件。

（1）解压缩命令的格式。

♯unzip［选项］压缩包名

选项：

-d：指定解压缩位置

（2）解压缩命令的常用用法。

不论是文件压缩包，还是目录压缩包，都可以直接解压缩，如图 3-69 所示。

♯unzip dirl.zip

图 3-69 zip 命令解压缩文件

也可以手工指定解压缩位置，如图 3-70 所示。

♯unzip -d /tmp/ ana.zip

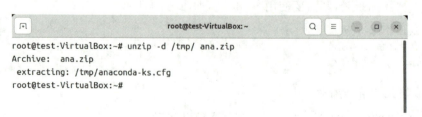

图 3-70 zip 命令指定位置解压缩文件

3.6.3 gz 格式

1. gz 格式的压缩命令

".gz"格式是 Linux 中最常用的压缩格式,使用 gzip 命令进行压缩,其基本信息如下。
- 命令名称:gzip。
- 英文原意:compress or expand files。
- 所在路径:/bin/gzip。
- 执行权限:所有用户。
- 功能描述:压缩文件或目录。

(1) 压缩命令的格式。

♯gzip [选项] 源文件

选项:

-c:将压缩数据输出到标准输出中,可以用于保留源文件。

-d:解压缩。

-r:压缩目录。

-V:显示压缩文件的信息。

-数字:用于指定压缩等级,-1 压缩等级最低,压缩比最差;-9 压缩比最高。默认压缩比是-6。

(2) 压缩命令的常用用法。

例 1:基本压缩。

gzip 压缩命令非常简单,甚至不需要指定压缩之后的压缩包名,只需指定源文件名即可,如图 3-71 所示。需要注意的是,在使用 gzip 命令压缩文件时,源文件会消失。

♯gzip install.log
♯ll install.log.gz

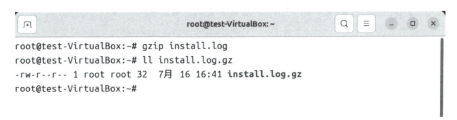

图 3-71 gzip 命令压缩文件

例 2:保留源文件压缩。

在使用 gzip 命令压缩文件时,源文件会消失,从而生成压缩文件。但有时人们希望压缩文件的时候,不让源文件消失,这样也是可以的,如图 3-72 所示。

```
# gzip -c install.log > install.log.gz
# ll install.log.gz
```

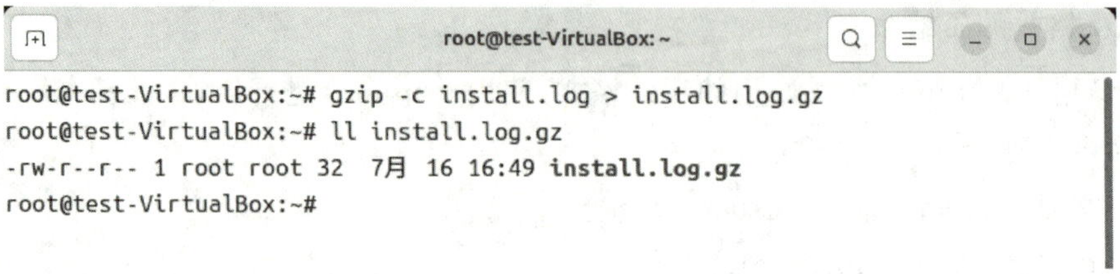

```
root@test-VirtualBox:~# gzip -c install.log > install.log.gz
root@test-VirtualBox:~# ll install.log.gz
-rw-r--r-- 1 root root 32  7月 16 16:49 install.log.gz
root@test-VirtualBox:~#
```

图 3-72　gzip 命令压缩文件并保留源文件

例 3：尝试压缩目录。

我们可能会想当然地认为 gzip 命令可以压缩目录，但事实上是否可以呢？我们来看看图 3-73 所示的情况。

```
# mkdir test
# touch test/test1
# touch test/test2
# touch test/test3
# gzip -r test
# ls test/
```

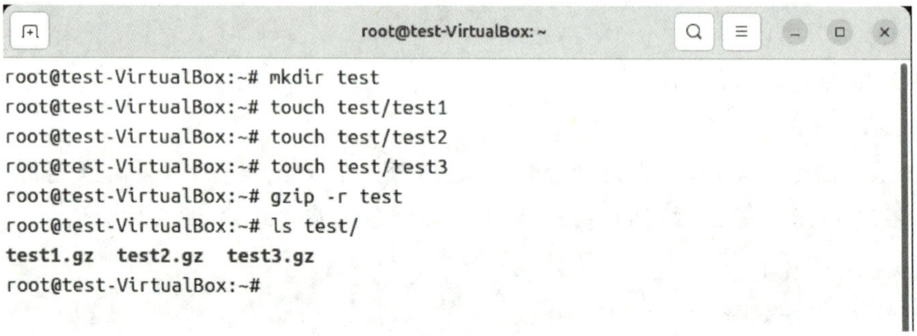

```
root@test-VirtualBox:~# mkdir test
root@test-VirtualBox:~# touch test/test1
root@test-VirtualBox:~# touch test/test2
root@test-VirtualBox:~# touch test/test3
root@test-VirtualBox:~# gzip -r test
root@test-VirtualBox:~# ls test/
test1.gz   test2.gz   test3.gz
root@test-VirtualBox:~#
```

图 3-73　gzip 命令尝试压缩目录

在 Linux 中，打包和压缩是分开处理的。而 gzip 命令只会压缩，不能打包，所以才会出现没有打包目录，而只把目录下的文件进行压缩的情况。

2. gz 格式的解压缩命令

如果要解压缩".gz"格式，那么使用"gzip -d 压缩包"和"gunzip 压缩包"命令都可以。下面看看 gunzip 命令的基本信息。

- 命令名称：gunzip。
- 英文原意：compress or expand files。
- 所在路径：/bin/gunzip。

- 执行权限:所有用户。
- 功能描述:解压缩文件或目录。

(1) 解压缩命令的格式。

♯gunzip[选项]压缩包名或目录

选项:

-r:解压缩目录下的内容。

(2) 解压缩命令的常用用法。

例1:解压缩单个文件。

要解压缩一个名为install.log.gz的文件,可以使用图3-74所示的命令。

♯gunzip install.log.gz
♯ll install.log.gz

图 3-74 gunzip 命令解压缩单个文件

例2:解压缩目录中的所有.gz文件。

如果要解压缩一个目录中的所有.gz文件,可以使用-r选项,如图3-75所示。

♯ls test/
♯gunzip -r test/
♯ls test/

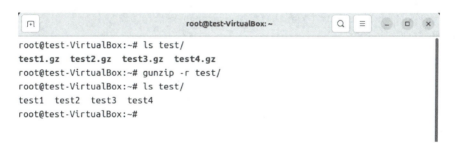

图 3-75 gunzip 命令解压缩目录中的所有.gz 文件

3.6.4　bz2 格式

1. bz2 格式的压缩命令

".bz2"格式是 Linux 的另一种压缩格式,从理论上来讲,".bz2"格式的算法更先进、压缩比更好；而".gz"格式相对来讲压缩的时间更快。

".bz2"格式的压缩命令是 bzip2，这个命令的基本信息如下。
- 命令名称：bzip2。
- 英文原意：a block-sorting file compressor。
- 所在路径：/usr/bin/bzip2。
- 执行权限：所有用户。
- 功能描述：.bz2 格式的压缩命令。

（1）压缩命令的格式。

```
# bzip2 [选项] 源文件
```

选项：

-d：解压缩。

-k：压缩时，保留源文件。

-v：显示压缩的详细信息。

-数字：这个参数和 gzip 命令的作用一样，用于指定压缩等级，-1 压缩等级最低，压缩比最差；-9 压缩比最高。

（2）压缩命令的常用用法。

例 1：基本压缩命令。

在压缩文件命令后面直接指定源文件即可，如图 3-76 所示。

```
# bzip2 anaconda-ks.cfg
# ll anaconda-ks.cfg.bz2
```

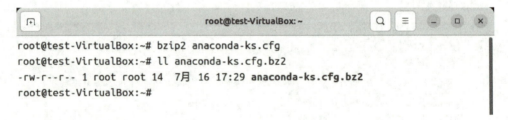

图 3-76　bzip2 命令压缩文件

这个压缩命令依然会在压缩的同时删除源文件。

例 2：压缩的同时保留源文件。

bzip2 命令可以直接使用"-k"选项来保留源文件，而不用像 gzip 命令一样使用输出重定向来保留源文件，如图 3-77 所示。

```
# bzip2 -k install.log
# ll install.log install.log.bz2
```

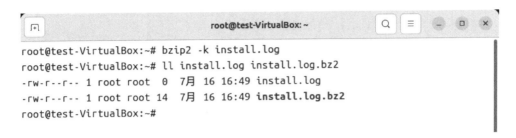

图 3-77　bzip2 命令压缩文件并保留源文件

2. bz2 格式的解压缩命令

".bz2"格式可以使用"bzip2 -d 压缩包"命令来进行解压缩,也可以使用"bunzip2 压缩包"命令来进行解压缩。bunzip2 命令的基本信息如下。

- 命令名称:bunzip2。
- 英文原意:a block-sorting file compressor。
- 所在路径:/usr/bin/bunzip2。
- 执行权限:所有用户。
- 功能描述:.bz2 格式的解压缩命令。

(1) 解压缩命令的格式。

#bunzip2 [选项] 源文件

选项:

-k:解压缩时,保留源文件。

(2) 解压缩命令的常用用法。

例 1:使用 bunzip2 命令进行解压缩,如图 3-78 所示。

#bunzip2 install.log.bz2
#ll install.log

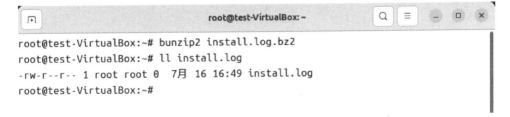

图 3-78　使用 bunzip2 命令进行解压缩

例 2:使用"bzip2 -d 压缩包"命令来进行解压缩,如图 3-79 所示。

#bzip2 -d anaconda-ks.cfg.bz2
#ll anaconda-ks.cfg

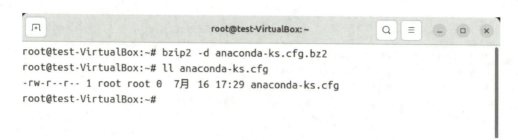

图 3-79　使用 bzip2 命令进行解压缩

3.6.5　tar 格式

".tar"格式的打包和解打包都使用 tar 命令,区别只是选项不同。tar 命令的基本信息如下。

- 命令名称:tar。
- 英文原意:tar。
- 所在路径:/bin/tar。
- 执行权限:所有用户。
- 功能描述:打包与解打包命令。

1. tar 格式的压缩命令

(1) 压缩命令的格式。

♯tar [选项] [-f 压缩包名] 源文件或目录

选项:

-c:打包。

-f:指定压缩包的文件名。压缩包的扩展名是用来给管理员识别格式的,所以一定要正确指定扩展名

-v:显示打包文件过程

(2) 压缩命令的常用用法。

例 1:tar 命令压缩文件。

使用选项"-cvf"是习惯用法,需要注意的是,打包时需要指定打包之后的文件名,而且要用".tar"作为扩展名,如图 3-80 所示。

♯tar -cvf anaconda-ks.cfg.tar anaconda-ks.cfg
♯ll anaconda-ks.cfg.tar

例 2:tar 命令压缩目录。

把目录 test 打包为 test.tar 文件,如图 3-81 所示。

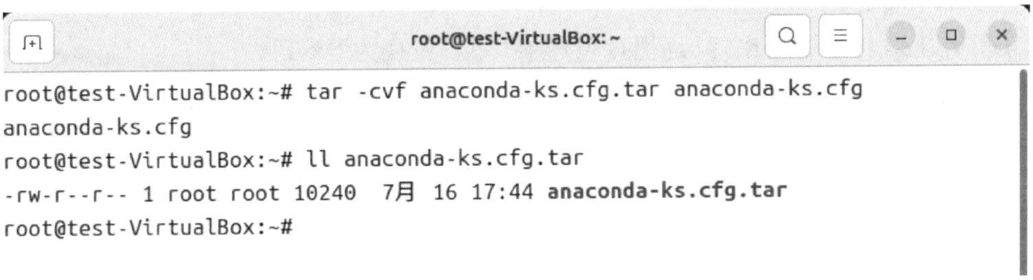
root@test-VirtualBox: ~
root@test-VirtualBox:~# tar -cvf anaconda-ks.cfg.tar anaconda-ks.cfg
anaconda-ks.cfg
root@test-VirtualBox:~# ll anaconda-ks.cfg.tar
-rw-r--r-- 1 root root 10240 7月 16 17:44 anaconda-ks.cfg.tar
root@test-VirtualBox:~#

图 3-80　tar 命令压缩文件

```
# ls test/
# tar -cvf test. tar test/
# ll test. tar
```

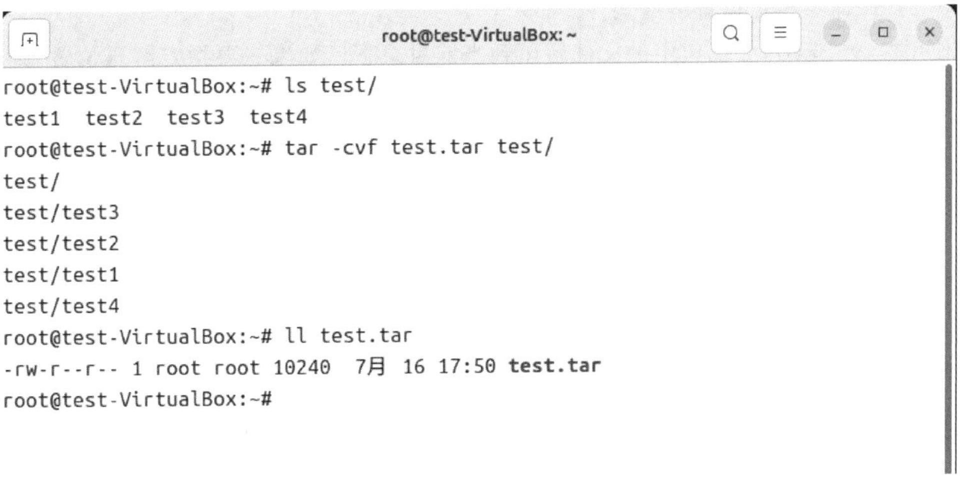
root@test-VirtualBox: ~
root@test-VirtualBox:~# ls test/
test1 test2 test3 test4
root@test-VirtualBox:~# tar -cvf test.tar test/
test/
test/test3
test/test2
test/test1
test/test4
root@test-VirtualBox:~# ll test.tar
-rw-r--r-- 1 root root 10240 7月 16 17:50 test.tar
root@test-VirtualBox:~#

图 3-81　tar 命令压缩目录

2. tar 格式的解压命令

（1）解压缩命令的格式。

“. tar”格式的解打包也需要使用 tar 命令，但是选项不太一样。命令格式如下：

```
# tar [选项] 压缩包
```

选项：

-x：解打包。

-f：指定压缩包的文件名。

-v：显示解打包文件过程。

-t：测试，就是不解打包，只是查看包中有哪些文件。

-C 目录：指定解打包位置。

(2) 解压缩命令的常用用法。

其实解压缩与压缩相比，只是把打包选项“-cvf”更换为“-xvf”。

例 1：tar 命令解压缩文件，如图 3-82 所示。

```
# tar -xvf anaconda-ks. cfg. tar
```

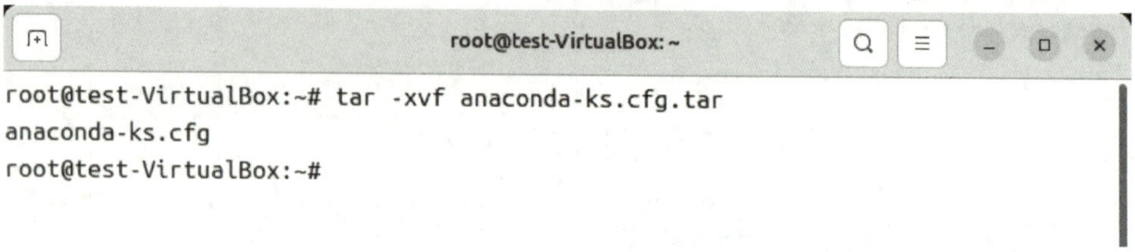
root@test-VirtualBox: ~
root@test-VirtualBox:~# tar -xvf anaconda-ks.cfg.tar
anaconda-ks.cfg
root@test-VirtualBox:~#

图 3-82　tar 命令解压缩文件

例 2：tar 命令指定位置解压文件。

使用“-xvf”选项，会把包中的文件解压到当前目录下。如果想要指定解压位置，则需要使用“-C”(大写)选项，如图 3-83 所示。

```
# tar -xvf test. tar -C /tmp
```

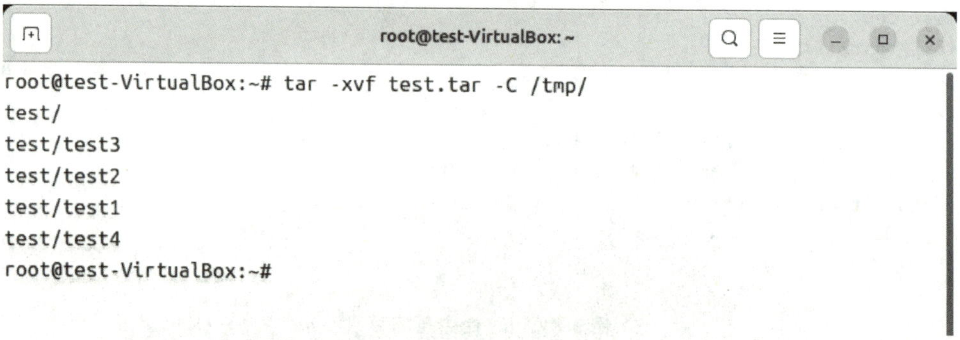
root@test-VirtualBox: ~
root@test-VirtualBox:~# tar -xvf test.tar -C /tmp/
test/
test/test3
test/test2
test/test1
test/test4
root@test-VirtualBox:~#

图 3-83　tar 命令指定位置解压文件

3.6.6　tar. gz 格式和 tar. bz2 格式

1. 命令格式

使用 tar 命令直接压缩和解压。命令格式如下：

```
# tar [选项] 压缩包 源文件或目录
```

选项：

-z：压缩和解压缩“. tar. gz”格式。

-j：压缩和解压缩“. tar. bz2”格式。

2. 常用用法

(1) 例1：压缩".tar.gz"格式文件。

把/tmp/目录直接打包压缩为".tar.gz"格式，如图3-84所示。

#tar -zcvf tmp.tar.gz /tmp/

图3-84　tar命令压缩".tar.gz"格式文件

(2) 例2：解压缩".tar.gz"格式文件。

解压缩也只是在解打包选项"-xvf"前面加了一个"-z"选项，如图3-85所示。

#tar -zxvf tmp.tar.gz

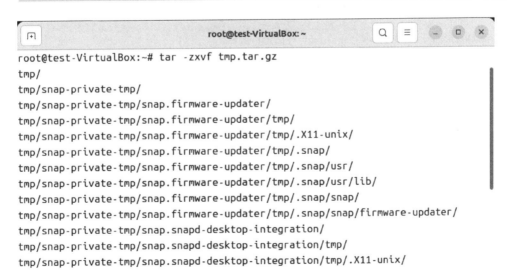

图3-85　tar命令解压缩".tar.gz"格式文件

（3）例3：压缩".tar.bz2"格式文件。

把/tmp/目录直接打包压缩为".tar.bz2"格式，如图3-86所示。

tar -jcvf tmp.tar.bz2 /tmp/

图 3-86　tar命令压缩".tar.bz2"格式文件

（4）例4：解压缩".tar.bz2"格式文件，如图3-87所示。

tar -jxvf tmp.tar.bz2

图 3-87　tar命令解压缩".tar.bz2"格式文件

3.7 任务 7　熟悉关机与重启命令

关于关机和重启的话题,很多人存在误解,认为像银行或电信这样重要的服务器一旦重启,就会引发大范围的灾难性后果。但实际上,这里需要解释一下:即便是银行或电信的服务器,也并非无需维护,而是会通过备份服务器来在维护期间进行替代运行。更重要的是,有计划的重启操作相比于意外宕机可能带来的损失,其影响要小得多。因此,定时重启实际上是游戏运维领域中的一项重要手段。

3.7.1　shutdown 命令

在早期的 Linux 操作系统中,推荐优先使用 shutdown 命令执行关机和重启操作。这是因为在那个时期,只有 shutdown 命令能在关机或重启前正确地终止进程和服务,因此它被认为是最安全的关机与重启命令。尽管现在的系统中,其他一些命令(如 reboot)也能正确地终止进程和服务,但仍然建议使用 shutdown 命令来进行关机和重启操作。

shutdown 命令的基本信息如下。

- 命令名称:shutdown。
- 英文原意:bring the system down。
- 所在路径:/sbin/shutdown。
- 执行权限:超级用户。
- 功能描述:关机和重启

1. 命令格式

```
#shutdown [选项] 时间 [警告信息]
```

选项:

-c:取消已经执行的 shutdown 命令。

-h:关机。

-r:重启。

2. 常用用法

(1) 例 1:立即重启。

用 shutdown 实现立即重启:

```
#shutdown -r now
```

(2) 例 2:指定时间重启。

指定时间重启,但会占用前台终端:

```
#shutdown -r 05:30
```

(3) 例 3:立即关机。

Ubuntu Linux 操作系统项目教程

```
#shutdown -h now
```
(4) 例4：指定时间关机。
```
#shutdown -h 05:30
```

3.7.2 reboot 命令

在现在的系统中，reboot 命令也是安全的，而且不需要加入过多的选项。

命令格式如下：
```
#reboot
```

3.7.3 halt 命令和 poweroff 命令

这两个都是关机命令，直接执行即可。

命令格式如下：
```
#halt
#poweroff
```

项目四 熟悉使用 vi 编辑器

本项目通过系统学习和实践，使学生掌握 vi 编辑器的基本概念和基本操作，为后续的 Linux 操作系统管理和编程学习打下坚实的基础。vi 编辑器作为 Linux 操作系统中最基本且强大的文本编辑器之一，其高效的操作方式和广泛的应用场景使其成为每个 Linux 用户必备的工具。本项目将通过理论讲解与实操练习相结合的方式，帮助学生快速上手并熟练使用 vi 编辑器。

● 【学习目标】

1. 知识目标
- 理解 vi 编辑器的历史背景、特点及其在 Linux 操作系统中的重要性。
- 熟悉命令模式、插入模式、末行模式等基本概念及切换方法。
- 了解状态行、光标位置、命令行等界面元素的含义和作用。

2. 技能目标
- 能够进行基本的文本编辑操作。
- 学会使用 vi 的高级编辑功能。
- 学会配置 vi 环境，如设置自动缩进、显示行号等。

3. 思政目标
- 通过 vi 编辑器的使用，强调代码编辑中的准确性，培养学生的耐心和细心。
- 鼓励学生通过阅读官方文档和在线资源，自主探索 vi 编辑器的高级功能和技巧。
- 促进同学间的交流与合作，共同提高学习效率。

4.1 任务 1 了解 vi 的基本概念

vi 编辑器是所有 UNIX 及 Linux 操作系统下标准的文本编辑器，其功能之强大不输于任何最新的文本编辑器。由于 vi 编辑器在所有 UNIX 及 Linux 操作系统版本中均保持一致，因此用户可以在任何介绍 vi 的资料中进一步深入学习。同时，vi 也是 Linux 中最基础的文本编辑器，一旦掌握，用户将在 Linux 世界中游刃有余。

vi 编辑器以其简洁、高效著称,提供了强大的文本编辑功能,包括但不限于文本插入、删除、查找、替换、复制、粘贴等。此外,vi 编辑器还采用了独特的工作模式设计,包括普通模式、命令行模式和末行模式,每种模式都有其特定的功能和操作方式,使得用户可以根据需要灵活切换,高效完成编辑任务。

vi 编辑器的历史可以追溯到早期的 UNIX 操作系统。随着 UNIX 的普及,vi 编辑器作为系统内置的文本编辑器,逐渐成为程序员和系统管理员的首选工具。尽管在发展过程中,出现了许多其他文本编辑器与 vi 竞争,但 vi 凭借其强大的功能和灵活性,始终保持着不可替代的地位。

vi 编辑器的应用领域非常广泛,几乎涵盖了所有需要文本编辑的场景。以下是一些主要的应用领域:

(1) 程序开发。

对于程序员来说,vi 编辑器是编写代码的重要工具。它提供了语法高亮、自动缩进等功能,帮助程序员更高效地编写和调试代码。

(2) 系统管理。

系统管理员经常使用 vi 编辑器来编辑配置文件、日志文件等系统文件。vi 编辑器的强大功能和灵活性使得系统管理员能够迅速定位问题并进行修复。

(3) 文档编写。

虽然 vi 编辑器并非专门为文档编写而设计,但其简洁的界面和强大的文本编辑功能也使其成为一些用户编写文档的选择之一。不过,在处理大量文本和复杂格式的文档时,可能需要考虑使用其他更专业的文本编辑器或文档处理软件。

(4) 学习与教育。

在 Linux 和 UNIX 操作系统的教学课程中,vi 编辑器通常是必不可少的一部分。通过学习 vi 编辑器,学生可以掌握基本的文本编辑技能,为后续的系统管理和程序开发工作打下基础。

4.2　任务 2　熟悉 vi 编辑器的基本操作

在 Linux 操作系统中,vi 编辑器是不可或缺的工具之一,掌握其基本操作对于高效地进行文本编辑至关重要。以下将从插入命令、光标移动命令、使用 vi 编辑文件、保存和退出等方面详细介绍 vi 编辑器的基本操作。

vi 可以分为三种状态,分别是命令模式(command mode)、插入模式(insert mode)和末行模式(last line mode),各模式的功能区分如下。

(1) 命令行模式。

在命令行模式中,用户可以控制屏幕光标的移动,字符、字或行的删除,移动复制某区段。也可以进入插入模式或者末行模式。

(2) 插入模式。

只有在插入模式下,才可以做文字输入,按 ESC 键可回到命令行模式。

(3) 末行模式。

将文件保存或退出 vi,也可以设置编辑环境,如寻找字符串、列出行号等。

熟悉 vi 编辑器的基本操作

4.2.1 使用 vi 编辑文件

要使用 vi 编辑器编辑文件,首先需要打开文件,如图 4-1 所示。在 Linux 操作系统的终端中,可以输入 vi 文件名的命令来打开或创建文件进行编辑。

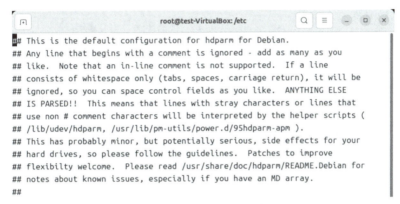

图 4-1 使用 vi 编辑文件

命令格式:

♯vi 文件名

例如,要编辑/etc/目录中一个名为 hdparm.conf 的文件,可以输入如下命令:

vi /etc/hdparm.conf

4.2.2 操作命令行模式

1. 插入命令

在刚进入 vi 编辑器时,默认是在命令行模式。当需要编辑文字时,可以使用插入命令,让 vi 从命令行模式进入插入模式。进入插入模式后,允许用户向文件中输入文本。常见的插入命令如下。

i:在当前光标位置前插入文本。

I:将光标移动到当前行的行首,并在行首插入文本。

a:在当前光标位置后插入文本。

A:将光标移动到当前行的行尾,并在行尾插入文本。

o:在当前光标所在行的下一行创建新行并进入插入模式。

O:在当前光标所在行的上一行创建新行并进入插入模式。

> 需要注意的是,当完成文件编辑后,可以通过按 ESC 键,让 vi 从插入模式切换为命令行模式。

2. 光标移动命令

在 vi 编辑器中,光标移动命令用于在文本中快速定位光标位置。常见的光标移动命令如下。

h:向左移动光标一个字符。

j:向下移动光标一行。

k:向上移动光标一行。

l:向右移动光标一个字符。

w:向前移动光标到下一个单词的开头。

b:向后移动光标到上一个单词的开头。

e:向前移动光标到当前单词的末尾。

0(数字零):将光标移动到当前行的行首。

$:将光标移动到当前行的行尾。

gg:将光标移动到文件的开头。

G:将光标移动到文件的末尾。

Ctrl + f:向前翻页。

Ctrl + b:向后翻页。

4.2.3 操作末行模式

1. 进入末行模式

在命令行模式下,输入冒号(:)即可进入末行模式,如图 4-2 所示。

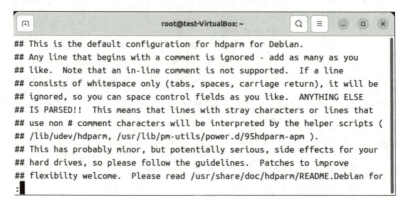

图 4-2 进入末行模式

此时 vi 命令会在显示窗口的最后一行(通常也是屏幕的最后一行)显示一个冒号(:)作为末行模式的提示符,等待用户输入命令。

2. 末行模式的常用命令

末行模式的常用命令如表 4-1 所示。

表 4-1 末行模式常用命令

命令	功能
:w	保存文件
:q	退出 vi
:wq 或 :x	保存并退出
:q!	强制退出,不保存更改
:set nu	显示行号
:set nonu	隐藏行号
:/关键字	向下搜索"关键字"
:? 关键字	向上搜索"关键字"
:n	跳到下一个搜索结果
:N	跳到上一个搜索结果

例 1:保存和退出。

编辑完文件后,需要保存并退出 vi 编辑器。在 vi 编辑器中,保存和退出操作也是在末行模式下进行的。末行模式的命令如图 4-3 所示。

:wq

图 4-3 vi 编辑器保存和退出

第二部分
Linux操作系统管理

项目五 文件与磁盘管理

本项目深入介绍 Linux 操作系统中的文件与磁盘管理知识,使学生掌握文件系统类型、目录结构、文件和目录管理命令,以及磁盘的物理格式化、文件系统的创建、挂载与卸载等核心技能。通过本项目的学习,学生能够熟练地进行文件与磁盘管理操作,为 Linux 操作系统的高级应用和管理打下坚实基础。

● 【学习目标】

1. 知识目标

- 掌握 Linux 操作系统中常见的文件系统类型及其特点。
- 熟悉 Linux 操作系统的目录结构,理解各目录的作用和重要性。
- 认识硬盘、固态硬盘、U 盘等常见存储设备,并了解其在 Linux 操作系统中的表示方法。

2. 技能目标

- 熟练掌握文件和目录管理命令。
- 学会使用相关工具进行磁盘分区和格式化操作。
- 能够根据需要在分区上创建文件系统。
- 学会使用命令进行文件系统的挂载与卸载操作。

3. 思政目标

- 强调数据安全和操作准确性,培养学生的责任心和细致入微的工作态度。
- 鼓励学生面对文件与磁盘管理问题时,能够独立思考、分析问题并寻求解决方案。
- 促进学生之间的沟通与协作,培养团队合作精神。

 ## 5.1 任务1 了解文件系统类型

5.1.1 Linux 文件系统的发展

Linux 文件系统的发展历史可以追溯到 UNIX 及其衍生系统。UNIX 操作系统最早采用了简单的文件系统,随着技术的进步,文件系统逐渐演变并增强了其功能。Linux 文件系统的发展则受到了 UNIX 的深刻影响。

UNIX 操作系统最早使用的是第一代文件系统,如 FAT(file allocation table)。随着 UNIX 操作系统的普及,其文件系统也不断发展,引入了更高级的功能,如日志记录和数据一致性保护。

在 Linux 文件系统的发展中,出现了如下几种文件系统类型。

(1) ext2:第二代扩展文件系统(ext2)是 Linux 内核早期采用的文件系统,由 Rémy Card 设计,于 1993 年 1 月加入 Linux 核心支持。ext2 最大可支持 2 TB 的文件系统,在 Linux 2.6 版时扩展到支持 32 TB。

(2) ext3:在 ext2 的基础上发展而来,是一个日志文件系统,支持大文件,并且完全兼容 ext2。ext3 从 Linux 2.4.15 版本开始被合并到内核中。

(3) ext4:ext4 是 ext3 的后继版本,提供了更佳的性能和可靠性,向下兼容 ext3 和 ext2。ext4 由 Theodore Tso 领导的开发团队实现,并引入 Linux 2.6.19 内核中。

(4) JFS2:一种较早期的日志文件系统,原用于 IBM AIX 操作系统,后被移植到 Linux 上。JFS2 具有更优的扩展性能,支持多处理器架构。

(5) XFS:由 Silicon Graphics 为其 IRIX 操作系统开发,是一种高性能的日志文件系统,擅长处理大文件,提供平滑的数据传输。XFS 在 2000 年被移植到 Linux 内核上。

5.1.2　Linux 文件系统的分类

Linux 支持多种文件系统类型,每种文件系统都有其特定的应用场景和优势。以下是 Linux 中常见的几种文件系统分类。

(1) 日志文件系统:如 ext3、ext4、JFS2 和 XFS,这些文件系统通过记录文件系统的变化日志来提高数据的一致性和恢复能力。

(2) 扩展文件系统:如 ext2、ext3 和 ext4,这些文件系统通过动态分配磁盘空间来支持大容量存储,并提供了灵活的文件管理功能。

(3) 网络文件系统:如 NFS(network file system),允许不同计算机之间通过网络共享文件和目录。

(4) 专用文件系统:如/proc 和/sys,这些文件系统不是存储在磁盘上的,而是由内核动态生成的,用于提供系统信息和设备状态。

5.1.3　Linux 文件系统的特点

Linux 文件系统具有以下几个显著特点。

(1) 树形结构:Linux 文件系统采用树形结构,从根目录(/)开始,所有文件和目录都挂载在这个根目录下。

(2) 虚拟文件系统(VFS):VFS 允许不同类型的文件系统共存,并支持跨文件系统的操作,提高了系统的灵活性和兼容性。

(3) 无结构字符流式文件:Linux 中的文件被视为无结构的字符流,不考虑文件内部的逻辑结构,只把文件看作是一系列字符的序列。

(4) 文件访问权限控制:Linux 文件系统中的每个文件都可以由文件拥有者或超级用户设置相应的访问权限,以确保文件的安全性。

(5) 设备文件:Linux 把所有的外部设备(如磁盘、终端、打印机等)都看作文件,可以使用与文件系统相同的系统调用和函数来读/写外部设备。

(6) 动态增长与减少:Linux 文件系统中的文件可以动态地增长或减少,以适应不同的应用需求。

5.2 任务 2 认识文件系统的目录结构

每个操作系统都拥有其独特的文件和目录存储方式,以确保能够执行添加、修改等管理任务。例如,DOS 和 Windows 操作系统通过"C:""D:"等盘符来标识不同的硬盘分区。相比之下,Linux 操作系统并不采用盘符的概念,而是将每个文件以独一无二的名称存储在系统的目录结构中。我们可以将整个目录系统视为一个树形结构,其中包含着众多的目录分支。这些目录不仅能够包含其他目录,而且这些子目录同样也可以容纳它们自己的文件或其他目录。

Linux 继承了 UNIX 的资源访问方式,其所有资源访问控制均基于文件机制。在 Linux 操作系统中,各种硬件设备、端口设备乃至内存均以文件的形式存在。尽管这些设备文件与普通文件在实现上有所差异,但它们在文件系统中的显示和使用方式却是一致的,这种做法赋予了系统极大的灵活性。

在 Linux 文件系统中,无论目录结构如何复杂,所有内容都会连接到名为"根"的目录,该目录用单斜线"/"来表示。接下来,我们将对 Linux 的目录结构进行详细介绍。

(1) /目录。

/目录是其他文件系统挂接的基础。Linux 启动时,根分区首先被挂接到/目录,然后其他文件系统会依次被挂接到根目录下的子目录。如果无法挂接/目录,则系统无法启动。

(2) /etc 目录。

该目录用来存放系统中的配置文件,基本上所有的配置文件都可以在这里找到。这些文件一般都以文件名+".conf"的形式命名。通过编辑这些文件,就可以对系统进行更改和管理。例如,/etc/resolv.conf 用来指定本机的 DNS 服务器地址。

安装好了一个新的软件,其配置文件可能存放在/etc 目录下,也可能存放在其他目录,如软件主程序所在的目录。有时为了便于管理,可以在/etc 目录下建立到新软件配置文件的符号链接,这样无论软件如何安装,都可以在/etc 目录下找到其配置文件。

(3) /dev 目录。

这个目录存放设备文件,系统中的硬件设备在此目录中都有相应的文件来对应。表5-1

所示的为常用的设备以及对应的设备文件。

表 5-1　常用的设备以及对应的设备文件

设备名称	对应的设备文件
IDE 硬盘	hda1,hda2,hdc1,…
SCSI 硬盘	sda1,sdb1,sdc1,…
光驱	cdrom
打印机	lp0,lp1,…
虚拟终端	tty0,tty1,…
控制台	/dev/console

(4) /usr 目录。

/usr 是 Linux 操作系统中存放应用程序、函数库、源文件和 man 文件等的目录。其中子目录/usr/local 下安装着用户自己的程序,在这里有 bin、sbin、etc、lib 和 man 等子目录,结构与"/"目录很相像。

当用户安装应用程序时,最好都安装到此目录下,便于管理。相应地,如果一台 Linux 机器上的应用程序比较多,那么最好单独划分出一个分区,挂接到/usr/local 目录下,以免与其他文件系统相互影响。

(5) /var 目录。

这里放置那些经常会变动的文件,如/var/spool 中的 mail 和 lpd 目录,随着邮件和打印任务的收发而不断地写入和释放硬盘空间。/var 下面还有一个重要的子目录/var/log,系统在启动和运行时产生的各种日志文件就存放在这里。

对于那些作为电子邮件服务器的 Linux 计算机,可以在安装的时候单独划分出一个分区,挂接到/var/spool/mail 下。这样在邮件系统使用中即使写满了这个目录,也不会影响其他分区。

(6) /proc 目录。

通过/proc 目录下的文件,可以获取系统的当前运行信息,并可以完成部分的系统控制操作。在这里可以找到系统中正在运行的所有进程。此外,/proc 目录中还包括系统正在使用的 I/O 接口、IRQ 中断、DMA 通道、CPU 类型和使用情况的说明文件。

(7) /boot 目录。

这里放置系统启动时相关的文件,如系统内核文件 vmlinuz,以及其他文件如 system.map、initrd.img。

/boot 目录中的文件非常重要,不要轻易地删除其中的文件;否则有可能导致计算机无法启动。

(8) /home 目录。

这是系统中用户(除了 root 用户)的主目录所在地。使用 useradd 命令时,系统在此创建与新建立用户名相同名称的子目录,作为该用户的 home 目录。这里可以存放用户自己私有文档和数据文件等。

(9) /bin 和/sbin 目录。

/bin 和/sbin 目录中放置系统的可执行文件。"bin"是 binary 的意思,我们在项目三中介绍的 ls、cat、mkdir、more 等系统基本命令都会在/bin 找到。/sbin 目录中通常存放系统管理所用的命令,如 ifconfig、mkfs、route、fsck 等。

(10) /tmp 目录。

/tmp 用来存放临时文件。这个目录是全体用户都可以读/写的,也可以任意创建文件与目录。

5.3 任务3 使用文件和目录管理命令

使用文件和目录管理命令

5.3.1 rm 命令

rm 是强大的删除命令,不仅可以删除文件,还可以删除目录。这个命令的基本信息如下。

- 命令名称:rm。
- 英文原意:remove files or directories。
- 所在路径:/bin/rm。
- 执行权限:所有用户。
- 功能描述:删除文件或目录。

1. 命令格式

rm [选项] 文件或目录

选项:

-f:强制删除。

-i:交互删除,在删除之前会询问用户。

-r:递归删除,可以删除目录。

2. 常见用法

(1) 例1:基本用法。

rm 命令基本用法如图 5-1 所示。

```
#touch cangls
#ll cangls
#rm cangls
#ll cangls
```

(2) 例2:删除目录。

如果需要删除目录,则需要使用"-r"选项,如图 5-2 所示。

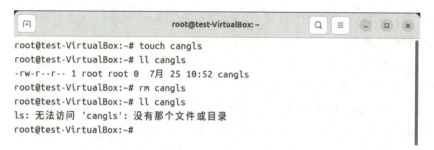

图 5-1　rm 命令基本用法

```
#mkdir -p /test/lm/movie/jp/
#ll /test/
#rm -r /test/
#ll /test/
```

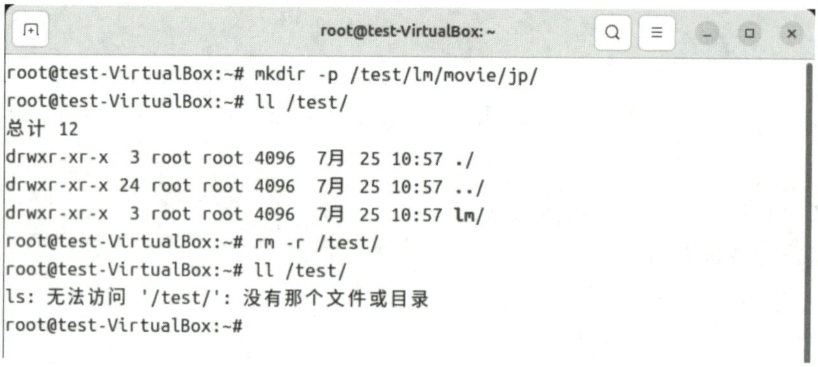

图 5-2　rm 命令删除目录

（3）例 3：强制删除。

例如：

```
#mkdir -p /test/lm/movie/jp/
#rm -rf /test/
```

> 需要注意下面两点：
> ● 数据强制删除之后无法恢复，除非依赖第三方的数据恢复工具，如 extundelete 等。要注意，数据恢复很难恢复完整的数据，一般能恢复 70%～80%就很难得了。所以，与其把宝押在数据恢复上，不如养成良好的操作习惯。
> ● 虽然"-rf"选项是用来删除目录的，但是删除文件也不会报错。所以，为了使用方便一般不论是删除文件还是删除目录，都会直接使用"-rf"选项。

5.3.2　cp 命令

cp 是用于复制的命令，其基本信息如下。

- 命令名称:cp。
- 英文原意:copy files and directories。
- 所在路径:/bin/cp。
- 执行权限:所有用户。
- 功能描述:复制文件和目录。

1. 命令格式

♯cp[选项] 源文件 目标文件

选项:

-a:相当于-dpr 选项的集合。

-d:如果源文件为软链接(对硬链接无效),则复制出的目标文件也为软链接。

-i:询问,如果目标文件已经存在,则会询问是否覆盖。

-l:把目标文件建立为源文件的硬链接文件,而不是复制源文件。

-s:把目标文件建立为源文件的软链接文件,而不是复制源文件。

-p:复制后目标文件保留源文件的属性(包括所有者、所属组、权限和时间)。

-r:递归复制,用于复制目录。

2. 常见用法

(1) 例 1:基本用法。

cp 命令既可以复制文件,也可以复制目录。cp 命令复制文件如图 5-3 所示。

```
♯touch cangls
♯cp cangls /tmp/
♯ll /tmp/cangls
```

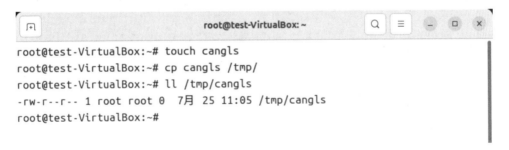

图 5-3 cp 命令基本用法

(2) 例 2:复制并改名。

如果需要复制并改名,则命令的用法如图 5-4 所示。

```
♯touch cangls
♯cp cangls /tmp/bols
♯ll /tmp/bols
```

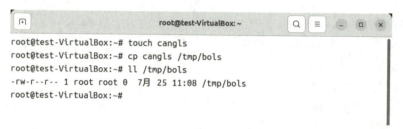

图 5-4　cp 命令复制并改名

（3）例 3：复制目录。

复制目录只需使用"-r"选项即可，如图 5-5 所示。

\#mkdir movie
\#cp -r movie/ /tmp/
\#ll /tmp/movie/

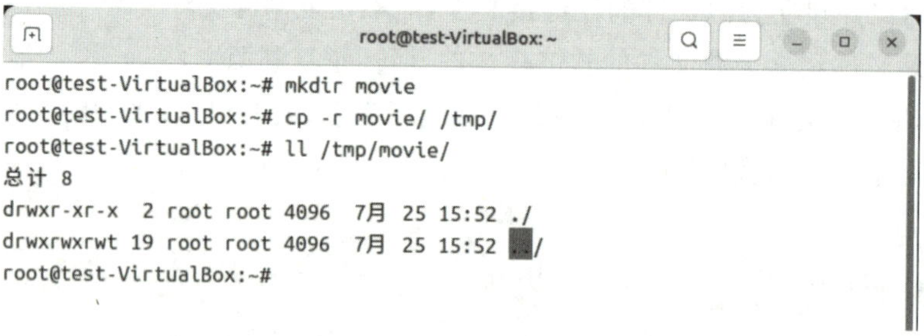

图 5-5　cp 命令复制目录

（4）例 4：复制软链接文件。

如果在复制软链接文件时不使用"-d"选项，则 cp 命令复制的是源文件，而不是软链接文件；只有加入了"-d"选项，才会复制软链接文件。例如，创建并复制软链接文件，如图 5-6 所示。

\#ln -s /root/cangls /tmp/cangls_slink
\#ll /tmp/cangls_slink
\#cp -d /tmp/cangls_slink /tmp/cangls_t2
\#ll /tmp/cangls_slink /tmp/cangls_t2

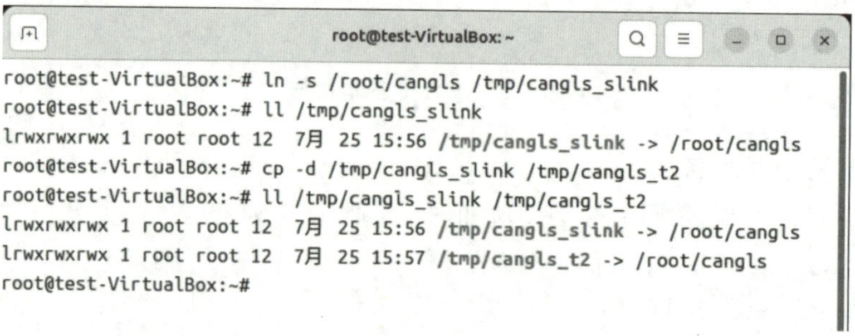

图 5-6　cp 命令复制软链接文件

5.3.3 mv命令

mv是用来剪切的命令,其基本信息如下。
- 命令名称:mv。
- 英文原意:move (rename) files。
- 所在路径:/bin/mv。
- 执行权限:所有用户。
- 功能描述:移动文件或改名。

1. 命令格式

♯mv [选项] 源文件 目标文件

选项:
-f:强制覆盖,如果目标文件已经存在,则不询问,直接强制覆盖。
-i:交互移动,如果目标文件已经存在,则询问用户是否覆盖(默认选项)。
-n:如果目标文件已经存在,则不会覆盖移动,且不询问用户。
-v:显示详细信息。

2. 常见用法

(1) 例1:移动文件和目录,如图5-7所示。

♯mv cangls /tmp/
♯ll /tmp/cangls
♯mkdir movie
♯mv movie/ /tmp/
♯ll /tmp/movie/

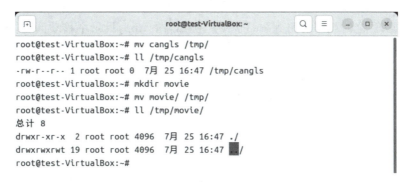

图5-7 mv命令移动文件和目录

(2) 例2:强制移动,如图5-8所示。

♯touch cangls
♯mv -f cangls /tmp/
♯ll /tmp/cangls

```
root@test-VirtualBox:~# touch cangls
root@test-VirtualBox:~# mv -f cangls /tmp/
root@test-VirtualBox:~# ll /tmp/cangls
-rw-r--r-- 1 root root 0  7月 25 16:52 /tmp/cangls
root@test-VirtualBox:~#
```

图 5-8　mv 命令强制移动文件

（3）例 3：显示移动过程。

如果想要知道在移动过程中到底有哪些文件进行了移动，则可以使用"-v"选项来查看详细的移动信息。例如，建立三个测试文件，加入"-v"选项，可以看到这些文件进行了移动，如图 5-9 所示。

```
# touch test1.txt test2.txt test3.txt
# mv -v *.txt /tmp/
```

```
root@test-VirtualBox:~# touch test1.txt test2.txt test3.txt
root@test-VirtualBox:~# mv -v *.txt /tmp/
已重命名 'test1.txt' -> '/tmp/test1.txt'
已重命名 'test2.txt' -> '/tmp/test2.txt'
已重命名 'test3.txt' -> '/tmp/test3.txt'
root@test-VirtualBox:~#
```

图 5-9　mv 命令显示移动过程

（4）例 4：不覆盖移动。

既然可以强制覆盖移动，那也有可能需要不覆盖的移动。如果需要移动几百个同名文件，但是不想覆盖，这时就需要用到"-n"选项。例如，向/tmp/目录中移动同名文件，如果使用了"-n"选项，则可以看到只移动了 lmls，而同名的 boi 和 cangls 并没有移动（"-v"选项用于显示移动过程），如图 5-10 所示。

```
# mv -vn bols cangls lmls /tmp/
```

```
root@test-VirtualBox:~# mv -vn bols cangls lmls /tmp/
mv: 不替换 '/tmp/bols'
mv: 不替换 '/tmp/cangls'
已重命名 'lmls' -> '/tmp/lmls'
root@test-VirtualBox:~#
```

图 5-10　mv 命令不覆盖移动

(5) 例 5:改名。

如果源文件和目标文件在同一个目录中,那就是改名。例如,将文件 bols 改名为 lmls,如图 5-11 所示。

```
# mv bols lmls
# ll lmls
```

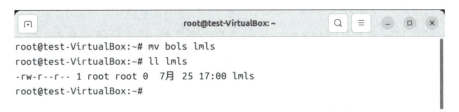

图 5-11　mv 命令改名

 5.4　任务 4　了解常见设备种类

与 Windows 操作系统相比,Linux 操作系统在磁盘管理方式上存在显著差异。Ubuntu 作为 Linux 家族的一员,既继承了所有 Linux 操作系统对磁盘管理的共同特点,也展现出了其独特的管理方式与策略。这些特点使得 Ubuntu 能够为用户提供更高效、更合理、更便捷的磁盘空间使用体验。同时,从系统安全的角度出发,Ubuntu 相较于 Windows,拥有更为强健的安全策略。

5.4.1　mknod 命令

操作系统与外部设备(磁盘驱动器、打印机、modern、终端等)都是通过设备文件来进行通信的。在 Linux 操作系统与外部设备通信之前,这个设备必须首先要有一个设备文件,设备文件均放在/dev 目录下。一般情况下,在安装系统的时候系统自动创建了很多已检测到的设备的设备文件。但有时候也需要手动创建,命令行生成设备文件的主要方式是 mknod 命令。

1. 命令格式

mknod 命令在 Linux 操作系统中用于创建设备文件。其命令格式如下。

mknod 文件名 类型 [主设备号 次设备号] [选项]

选项:

-m:设置设备文件的权限。这个选项后面通常会跟一个权限值,如 660,表示设备文件的权限。

-Z:设置设备文件的压缩属性。这个选项在某些文件系统上可能不起作用。

文件名:你想要创建的设备文件的名称,该文件将被创建在/dev 目录下,或者在命令中指定的其他目录下。

类型:指定设备文件的类型。常见的类型包括 b(块设备)、c 或 u(字符设备)和 p(FIFO)。

〔主设备号 次设备号〕:指定设备的主设备号和次设备号。这两个数字标识了特定的设备,使得系统能够与正确的硬件进行通信。

2. 常见用法

例如,要创建一个名为/dev/example 的字符设备文件,其主设备号为 234,次设备号为 56,并设置权限为 660,命令的用法如图 5-12 所示。

```
# mknod /dev/example c 234 56 -m 660
# ll /dev/example
```

图 5-12 mknod 命令常见用法

这将创建一个字符设备文件/dev/example,你可以像操作其他设备文件一样来操作它。

5.4.2 常见设备种类

硬盘的种类主要包括 SCSI、IDE 以及目前广泛流行的 SATA 等。每一种硬盘的生产都遵循特定的标准,并且随着这些标准的升级,硬盘的生产技术也在不断演进。例如,SCSI 标准经历了 SCSI-1、SCSI-2、SCSI-3 等多个版本,其中 Ultral-160 是基于 SCSI-3 的一个具体标准。IDE 硬盘则遵循 ATA 标准,而当前流行的 SATA 硬盘,实际上是 ATA 标准的升级版。从接口类型来看,IDE 属于并口设备,而 SATA 则是串口设备。发展 SATA 的初衷是为了替代 IDE 硬盘。

硬盘的接口主要分为两种:IDE 并行接口和 SATA 串行接口。在 Linux 操作系统中,IDE 接口的硬盘通常被识别为/dev/hd[a-z]这样的设备名称。特别地,hdc 常被用作光驱设备的标识,这是因为大多数主板配备有两个 IDE 插槽,而每个 IDE 插槽可以连接两个硬盘设备。光驱通常连接到第二个 IDE 插槽的第一个接口上。对于其他类型的接口,如 SCSI、SAS、SATA、USB 等,Linux 操作系统则将它们识别为/dev/sd[a-z]这样的设备名称。

5.5 任务 5 物理格式化磁盘

磁盘分区之后,只有经过格式化才可以使用,下面介绍几个格式化命令。

5.5.1 mkfs 命令

mkfs(make filesystem)是一个用于在磁盘分区上创建文件系统的命令行工具。在 Linux 操作系统中,文件系统负责组织和存储文件,而 mkfs 命令允许用户根据需要选择不同的文件系统类型,如 ext4、xfs、btrfs 等,来格式化磁盘分区。

1. 命令格式

mkfs [选项] [文件系统选项] 设备 [块数]

选项:

-t:指定要创建的文件系统类型,如 ext4、xfs 等。如果不指定,则 mkfs 会根据设备尝试自动选择。

-V:列出所有 mkfs 支持的文件系统类型。

-L:用于设置文件系统的标签。

-b:用于指定文件系统的块大小(以字节为单位)。

-I:用于指定文件系统的 inode 大小(以字节为单位)。

-i:设置 inode 的字节数,仅对 ext 系列文件系统有效。

-N:直接指定要创建的 inode 数量,仅对 ext 系列文件系统有效。

-m:设置预留给管理员的空间百分比,仅对 ext 系列文件系统有效。

-O:启用指定的文件系统特性,仅对部分文件系统有效。

-E:扩展文件系统特性,仅对部分文件系统有效。

文件系统选项:针对特定文件系统类型的额外选项。

设备:指定要格式化的磁盘分区,如/dev/sda1。

块数:可选参数,用于指定文件系统的块大小。

2. 常见用法

(1) 例 1:创建 ext4 文件系统。

此命令将在/dev/sda1 分区上创建一个 ext4 文件系统。

♯mkfs -t ext4 /dev/sda1

(2) 例 2:查看所有支持的文件系统类型。

使用-V 选项可以列出所有 mkfs 支持的文件系统类型。

♯mkfs -V

(3) 例 3:使用默认文件系统类型格式化磁盘。

如果不指定文件系统类型,则 mkfs 会尝试根据设备自动选择文件系统类型进行格式化。

♯mkfs /dev/sdc1

5.5.2 mkfs.ext2 命令

mkfs.ext2 命令是 Linux 操作系统中专门用于创建 ext2 文件系统的工具。ext2 是 Linux 中较早的文件系统类型,虽然已经被更先进的 ext3 和 ext4 所取代,但在某些特定场景下仍然有其应用价值。mkfs.ext2 允许用户在磁盘分区上格式化并创建 ext2 文件系统。

1. 命令格式

#mkfs.ext2 [选项] 设备 [块数]

选项:

-b:用于指定文件系统的块大小(以字节为单位)。

-I:用于指定文件系统的 inode 大小(以字节为单位)。

-L:用于设置文件系统的标签。

-i:设置 inode 的字节数。这个选项允许指定每个 inode 的大小。

-N:直接指定要创建的 inode 数量。

-m:设置预留给管理员的空间百分比。

-O:启用指定的文件系统特性。ext2 文件系统支持多种特性,如稀疏文件、大文件等。

设备:要格式化的磁盘分区,如/dev/sda1。

块数:可选参数,用于指定文件系统的块大小(以字节为单位),但不常用,因为文件系统会默认选择合适的块大小。

2. 常见用法

(1) 例 1:创建 ext2 文件系统。

此命令将在/dev/sda1 分区上创建一个 ext2 文件系统。

#mkfs.ext2 /dev/sda1

(2) 例 2:指定文件系统块大小和 inode 大小。

通过-b 选项指定文件系统的块大小(以字节为单位),通过-I 选项指定文件系统的 inode 大小(以字节为单位)。

#mkfs.ext2 -b 4096 -I 256 /dev/sdb1

(3) 例 3:设置文件系统的标签。

通过-L 选项设置文件系统的标签,这在挂载和识别文件系统时非常有用。

#mkfs.ext2 -L mydisk /dev/sdc1

5.5.3 mkfs.ext3 命令

mkfs.ext3 命令是 Linux 操作系统中用于创建 ext3 文件系统的工具。ext3 是一种日志式文件系统,它在 ext2 的基础上增加了日志功能,以提供更高的文件系统稳定性和数据完整性。通过记录文件操作的日志,ext3 可以在系统崩溃后更快地恢复数据,减少文件系统损坏的风险。

1. 命令格式

mkfs.ext3 命令的基本格式如下:

♯mkfs.ext3 [选项] 设备名

选项:

-b:指定文件系统的块大小,单位为字节。常见的块大小有 1024、2048 和 4096 等。

-c:在创建文件系统之前检查设备是否有坏块,并将坏块信息记录到文件系统的备用超级块中。

-j:启用 ext3 的日志功能,创建带日志的文件系统。此选项是可选的,因为默认情况下 mkfs.ext3 会创建带日志的文件系统。

-L:设置文件系统的卷标,方便识别和管理。

-m:设置系统保留的块百分比,默认为 5%。这些块不会被普通用户占用,主要由超级用户和系统使用。

-i:设置每个 inode 占用的字节数,间接影响 inode 的数量。inode 是 Linux 中用于存储文件元数据的数据结构。

设备名:指定要进行格式化的磁盘分区或设备的路径,如/dev/sda1。

2. 常见用法

(1) 例 1:基本用法。

直接指定设备名来格式化磁盘分区。例如,将/dev/sda1 分区格式化为 ext3 文件系统:

♯mkfs.ext3 /dev/sda1

(2) 例 2:设置卷标。

使用-L 选项可以为文件系统指定一个卷标(Label),方便在挂载或识别文件系统时使用。例如,设置卷标为 myfs:

♯mkfs.ext3 -L myfs /dev/sda1

5.5.4　mkfs.ext4 命令

mkfs.ext4 是 Linux 操作系统中用于创建 ext4 文件系统的命令。ext4 是 ext3 的改进版本,提供了更强的性能、更大的存储能力和更多的特性,如更大的文件系统和更大的文件。ext4 是许多现代 Linux 发行版的默认文件系统。

1. 命令格式

mkfs.ext4 命令的基本格式如下:

```
#mkfs.ext4 [选项] 设备名
```

选项:

-b:指定文件系统的块大小,单位为字节。常见的块大小有 1024、2048 和 4096 等。

-c:在创建文件系统之前检查设备是否有坏块,并将坏块信息记录到文件系统的备用超级块中。

-i:设置每个 inode 占用的字节数,间接影响 inode 的数量。

-I:直接指定 inode 的大小。

-L:设置文件系统的卷标。

-m:设置系统保留的块百分比。

设备名:指定要进行格式化的磁盘分区或设备的路径,如/dev/sda1。

2. 常见用法

(1)例 1:基本用法。

直接指定设备名来格式化磁盘分区。例如,将/dev/sda1 分区格式化为 ext4 文件系统:

```
#mkfs.ext4 /dev/sda1
```

(2)例 2:设置卷标。

使用-L 选项可以为文件系统指定一个卷标(Label),方便在挂载或识别文件系统时使用。例如,设置卷标为 myfs:

```
#mkfs.ext4 -L myfs /dev/sda1
```

5.5.5 mke2fs 命令

mke2fs(make ext2 file system)命令是 Linux 操作系统中用于创建 ext2、ext3 和 ext4 文件系统的工具。ext 系列文件系统以其稳定性、高性能和兼容性而闻名,是 Linux 操作系统中最常用的文件系统之一。

1. 命令格式

mke2fs 命令的基本格式如下:

```
#mke2fs [选项] 设备名 [块数]
```

选项:

-b:指定文件系统的块大小,单位为字节。

-c:在创建文件系统之前检查设备是否有坏块。

-f:指定不连续区段的大小,单位为字节。

-F:不管指定的设备为何,强制执行 mke2fs。

-i:指定每个 inode 占用的字节数,间接影响 inode 的数量。

-I:直接指定 inode 的大小。

-L:设置文件系统的卷标名称。
-m:指定给管理员保留的块百分比。
-N:指定要建立的 inode 数目。
-q:执行时不显示任何信息。
-t:指定要创建的文件系统类型(如 ext2、ext3、ext4)。
-v:执行时显示详细信息。
设备名:指定要进行格式化的磁盘分区或设备的路径,如/dev/sda1。
块数(可选):指定要创建的文件系统的磁盘块数量。如果省略,则 mke2fs 会自动计算文件系统的大小。

2. 常见用法

(1) 例 1:创建 ext4 文件系统。

默认情况下,mke2fs 可能会根据系统版本和配置创建 ext2 或 ext4 文件系统。要显式创建 ext4 文件系统,可以使用-t ext4 选项。例如:

```
#mke2fs -t ext4 /dev/sda1
```

(2) 例 2:设置文件系统标签。

使用-L 选项为文件系统指定一个卷标,方便在挂载或识别文件系统时使用。

```
#mke2fs -t ext4 -L myfs /dev/sda1
```

(3) 例 3:检查坏块。

使用-c 选项在创建文件系统之前检查设备是否有坏块,并将坏块信息记录到文件系统的备用超级块中。例如:

```
#mke2fs -t ext4 -c /dev/sda1
```

5.6 任务 6 创建文件系统

创建文件系统需要用到 fdisk 和 mkfs 两个命令,fdisk 用于硬盘分区,mkfs 用于在硬盘分区上创建文件系统。mkfs 命令在前面已经介绍过了,这里主要学习 fdisk 命令。

5.6.1 fdisk 命令的简介

fdisk 是一个在 Linux 操作系统中用于创建和维护分区表的程序。它不仅兼容 DOS 类型的分区表,还支持 BSD 或 SUN 类型的磁盘列表。使用 fdisk 进行硬盘分区实质上是对硬盘的一种格式化,其中涉及设置硬盘的物理参数、指定硬盘主引导记录(MBR)和引导记录备份的存放位置。通过 fdisk,用户可以创建、删除、查看和调整分区,为操作系统和文件系统管理硬盘提供基础。

5.6.2 fdisk 命令的使用

1. 命令格式

fdisk 命令的基本格式如下：

♯fdisk [选项] [设备]

选项：

-l:列出所有磁盘分区表。

-s:显示指定分区的扇区大小。

-u:以扇区单位显示指定设备的分区信息。

-v:显示详细输出信息。

-h:显示帮助信息。

-V:显示版本信息。

设备:指定要进行分区操作的硬盘设备,如/dev/sda。

2. 常见用法

(1) 例 1:显示磁盘分区信息。

使用-l 选项可以列出指定设备的分区信息,包括分区表类型、分区号、起始扇区、分区大小等。"fdisk -l"将列出系统中所有磁盘的分区信息,如图 5-13 所示。

♯fdisk -l

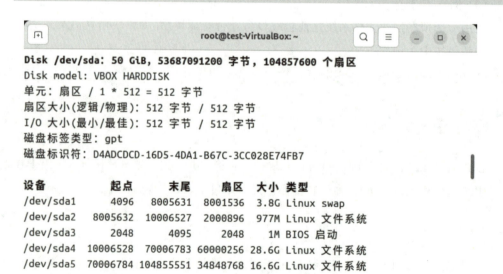

图 5-13　fdisk 命令示磁盘分区信息

(2) 例 2:fdisk 交互模式。

直接运行 fdisk 命令后接设备名,可以进入 fdisk 的交互模式,通过一系列子命令来进行分区操作,如图 5-14 所示。

```
#fdisk /dev/sda
```

图 5-14 进入 fdisk 交互模式

进入交互模式后,可以使用子命令进行操作。在 fdisk 交互模式下,常用的子命令包括以下几种。

m:显示菜单和帮助信息。

a:设置可引导标志。

d:删除一个分区。

l:列出所有支持的分区类型。

n:创建一个新的分区。

p:显示分区表信息。

q:退出 fdisk,不保存更改。

t:更改分区类型。

u:切换显示分区大小的单位。

w:保存对分区表的更改并退出。

x:进入专家模式,提供更多高级功能。

(3) 例 3:创建新的磁盘分区。

```
#fdisk /dev/sdb
Command (m for help): n  # 新建分区
Command action: p  # 主分区
Partition number (1-4): 1  # 分区编号
First sector (默认 2048):  # 默认起始扇区
Last sector, +sectors or +size{K,M,G}: +10G  # 分区大小
Command (m for help): w  # 保存并退出
```

5.7 任务7 挂载文件系统

挂载文件系统是 Linux 操作系统中的一项基本功能,它允许用户将存储设备(如硬盘分区、光盘、外部存储设备等)上的文件系统连接到 Linux 文件系统的某个目录下。这个过程被形象地称为"挂载",因为它就像是将一个文件系统"挂"在另一个文件系统上。

挂载的主要目的是让用户和应用程序能够通过挂载点访问和管理存储设备上的数据。在挂载之后,存储设备上的文件系统和目录就会出现在挂载点目录下,用户可以像操作本地文件系统一样操作它们。

Linux 操作系统提供了 mount 命令来执行挂载操作。通过 mount 命令,用户可以灵活地挂载各种类型的文件系统,并设置不同的挂载选项来满足特定的需求。

5.7.1 mount 命令的简介

mount 命令是 Linux 及类 UNIX 操作系统中用于挂载文件系统的核心命令。它的主要作用是将存储设备(如硬盘分区、光盘、外部存储设备等)上的文件系统连接到 Linux 文件系统的某个目录下,从而使得用户可以方便地访问和管理这些存储设备上的数据。

在执行 mount 命令时,用户需要明确指定两个关键参数:设备名和挂载点。设备名用于标识要挂载的存储设备,通常是一个如/dev/sda1 这样的设备文件。而挂载点则是一个已经存在的目录,它作为访问挂载文件系统的入口,如/mnt 或/media/usb。

mount 命令不仅支持挂载各种类型的文件系统,还允许用户通过指定挂载选项来满足特定的需求。例如,用户可以选择以只读方式挂载文件系统,或者设置挂载的文件系统不允许执行二进制文件等。这些灵活的配置选项使得 mount 命令成为 Linux 操作系统管理中不可或缺的工具之一。

5.7.2 mount 命令的使用

1. 命令格式

♯mount [选项] 设备名 挂载点

选项:

-t:指定文件系统的类型,如 ext4、xfs、vfat 等。

-o:指定挂载选项,如 ro(只读)、rw(读写)、noexec(不允许执行二进制文件)、nosuid(不允许 set-user-identifier 或 set-group-identifier 权限)等。

-r:以只读方式挂载文件系统。

-w:以读写方式挂载文件系统。

-n:挂载时不更新/etc/mtab 文件。

-a：挂载/etc/fstab 文件中定义的所有文件系统。

设备名：要挂载的设备，如/dev/sda1。

挂载点：挂载点目录，如/mnt 或/media/usb。

2．常见用法

（1）例 1：挂载一个文件系统。

这个命令将/dev/sda1 设备挂载到/mnt 目录：

mount /dev/sda1 /mnt

（2）例 2：挂载 ISO 文件。

使用-o loop 选项可以挂载一个 ISO 文件到指定目录：

mount -o loop /path/to/image.iso /mnt

（3）例 3：显示所有已挂载的文件系统。

不带任何参数执行 mount 命令可以显示所有当前已挂载的文件系统，如图 5-15 所示。

mount

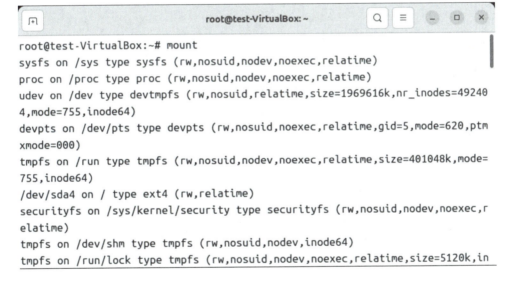

图 5-15   mount 命令显示所有已挂载的文件系统

5.8 任务 8   卸载文件系统

卸载文件系统是 Linux 及类 UNIX 操作系统中的一项重要操作，与挂载文件系统相对应。当用户不再需要访问某个已挂载的文件系统时，可以通过卸载操作将其从 Linux 文件系统中断开连接。

卸载文件系统的主要目的是释放系统资源，提高系统的安全性和稳定性。通过卸载不再使用的文件系统,可以避免潜在的安全风险,如未经授权的数据访问或恶意软件的入侵。同时,卸载文件系统还可以减少系统资源的占用,提高系统的整体性能。

在 Linux 操作系统中,卸载文件系统通常使用 umount 命令。用户需要指定要卸载的文件系统或挂载点的路径作为参数。执行卸载操作后,该文件系统将不再与 Linux 文件系统连接,用户无法通过原挂载点访问其上的数据。

5.8.1　umount 命令的简介

umount 命令是 Linux 操作系统中用于卸载已挂载文件系统的工具。当文件系统不再需要被访问时,可以通过 umount 命令将其从系统中卸载,以释放资源并确保数据的安全性和系统的稳定性。umount 命令是 Linux 操作系统管理员进行文件系统管理的常用命令之一。

5.8.2　umount 命令的使用

1. 命令格式

umount 命令格式如下。

```
# umount [选项] 挂载点或设备
```

选项:

-a:卸载/etc/mtab 文件中记录的所有文件系统。

-f:强制卸载文件系统,即使文件系统正忙。这可能会导致数据丢失或文件系统损坏,应谨慎使用。

-t:指定要卸载的文件系统类型。这允许用户卸载具有特定类型的文件系统,而不是通过挂载点或设备名。

-v:显示详细的卸载过程信息,有助于用户了解卸载过程中的具体步骤和状态。

挂载点或设备:是指要卸载的文件系统的挂载点目录或设备文件路径。

2. 常见用法

(1) 例1:卸载文件系统。

使用 umount 命令可以卸载已挂载的文件系统。注意,卸载命令是 umount,不是 unmount。

```
# umount /mnt
```

(2) 例2:强制卸载文件系统。

如果文件系统/dev/sdb1 正忙,但用户确定需要卸载它,可以使用"-f"选项强制卸载。请注意,这可能会导致数据丢失或文件系统损坏。

```
# umount -f /dev/sdb1
```

项目六 用户与权限管理

本项目介绍 Linux 操作系统中的用户与权限管理机制,涵盖用户与权限管理的基本概念、用户账号与密码的管理、用户组的创建与管理、用户信息的查询以及权限的细致分配等方面。通过本项目的学习,学生能够熟练掌握 Linux 操作系统中用户与权限管理的核心技能,为系统安全、资源分配和高效协作提供坚实保障。

● 【学习目标】

1. 知识目标
- 掌握用户、用户组、权限等概念及其在 Linux 操作系统中的作用。
- 熟悉用户账号的创建、修改、删除以及密码的设置、更改和过期策略。
- 了解如何创建、修改和删除用户组,以及如何将用户添加到用户组中。
- 理解文件权限、目录权限以及特殊权限的含义和设置方法。

2. 技能目标
- 熟练使用账户管理命令进行用户账号的管理。
- 掌握密码管理命令的使用,包括密码的更改、过期设置等。
- 熟练使用用户组管理命令进行用户组的管理。
- 熟练使用权限管理命令进行文件和目录的权限管理。

3. 思政目标
- 通过学习用户与权限管理在系统安全中的重要性,培养学生的安全意识和责任感。
- 促进学生之间的沟通与协作,培养团队合作精神。

6.1 任务1 用户与权限管理概述

Linux 是一个多用户、多任务的操作系统,它允许多个用户同时使用系统资源。Linux 用户管理是指对系统用户账号的创建、修改、删除以及用户权限的设置、监控等一系列管理活动的总称。用户管理是 Linux 操作系统管理的基础,它确保了系统的安全性和资源的有效分配。

Linux 权限管理主要涉及对文件和目录的访问权限进行控制,以保护系统安全和数据完整性。Linux权限控制是指对文件和目录的访问权限进行限制,包括读(r)、写(w)和执行(x)三种基本权限。这些权限决定了哪些用户或用户组可以对文件或目录进行哪些操作。

Linux用户与权限管理可以包括以下5个部分。

(1) 用户账号管理:包括用户账号的创建、删除、修改等。

(2) 用户密码管理:主要涉及用户密码的修改、锁定和解锁等。

(3) 用户组管理:包括用户组的创建、删除、修改以及用户添加到组或从组中移除等。

(4) 用户信息查询:如查看当前登录用户、查看用户详细信息、查看所有用户列表等。

(5) 权限与所有权管理:包括改变文件或目录的权限、改变文件或目录的所有者等。

6.2 任务2 管理用户账号

管理用户账号

6.2.1 useradd 命令创建用户

useradd命令是Linux操作系统中用于创建新用户的工具。通过此命令,系统管理员可以方便地在Linux操作系统中添加新的用户账号,并设置用户的各种属性,如用户ID(UID)、家目录、登录Shell等。useradd命令会自动完成新用户信息的创建、基本组的分配、家目录的创建等工作,并在创建过程中根据需求定制用户初始信息。

1. 命令格式

useradd命令的基本语法格式如下。

```
# useradd [选项] 用户名
```

选项:

-c 注释信息:为新账户添加注释信息,如用户全名或描述信息。

-d 用户的家目录:指定用户的家目录。

-e 日期:指定用户账号的过期日期,格式为 YYYY-MM-DD。

-f:指定用户账号多久不活动后自动失效,单位为天。

-g 组ID:指定用户所属的主组ID或名称。

用户名:用户登录系统时使用的唯一标识符。

2. 常见用法

(1) 例1:创建新用户。

最简单的用法是直接指定用户名,不附加任何选项。例如,创建一个名为testuser的用户:

```
# useradd testuser
```

创建后,默认会在/home目录下创建同名家目录。

(2) 例2:指定家目录。

使用-d选项可以指定用户的家目录。例如,创建一个名为admin的用户,其家目录为

/home/admin：

```
#useradd -d /home/admin admin
```

6.2.2 userdel 命令删除用户

userdel 命令是 Linux 操作系统中用于删除用户的工具。通过此命令，系统管理员可以方便地在 Linux 操作系统中移除不再需要的用户账号，以及相关的用户信息。userdel 命令会删除用户的账号信息，但不会默认删除用户的家目录，除非使用特定的选项。

1. 命令格式

userdel 命令的基本语法格式如下。

```
#userdel [选项] 用户名
```

选项：

-f：强制删除用户，即使用户当前正在登录。这通常不是推荐的做法，因为它可能会导致数据丢失或不一致。

-r：删除用户的同时，删除用户的家目录。

-Z：删除用户的 SELinux 用户映射。这仅在使用 SELinux 的系统上有效。

-h：显示帮助信息，包括所有可用的选项和它们的简短描述。

用户名：要删除的用户的登录名。

2. 常见用法

(1) 例 1：删除用户。

最简单的用法是直接指定用户名，不附加任何选项。例如，删除一个名为 testuser 的用户：

```
#userdel testuser
```

这将删除用户 testuser 的账号信息，但不会删除其家目录。

(2) 例 2：删除用户并删除其家目录。

使用-r 选项可以在删除用户的同时删除其家目录。例如：

```
#userdel -r testuser
```

这将删除用户 testuser 的账号信息，同时删除其家目录。

6.2.3 usermod 命令修改用户信息

usermod 命令是 Linux 操作系统中用于修改用户账号的工具。通过此命令，系统管理员可以方便地更改用户的各种属性，如用户 ID(UID)、家目录、登录 Shell 等。usermod 命令允许在不删除用户的情况下更新用户信息，这对于维护系统用户账号的准确性和安全性至关重要。

1. 命令格式

usermod 命令的基本格式如下：

#usermod［选项］用户名

选项：

-c 注释信息：修改用户账号的注释信息。

-d 家目录：修改用户的家目录。

-e 过期日期：设置用户账号的过期日期。

-l 登录名：修改用户的登录名。

-u UID：修改用户的 UID。

-L：锁定用户账号，使其无法登录。

-U：解锁用户账号，使其能够登录。

用户名：需要修改属性的用户名。

2. 常见用法

（1）例 1：修改用户的 UID。

使用-u 选项可以指定用户的新 UID。例如，将用户 testuser 的 UID 更改为 1002：

#usermod -u 1002 testuser

（2）例 2：修改用户的家目录。

使用-d 选项可以指定用户的新家目录，并使用-m 选项将旧家目录的内容移动到新家目录中。例如，将用户 testuser 的家目录更改为/home/newdir：

#usermod -d /home/newdir -m testuser

6.3 任务 3 管理用户密码

6.3.1 passwd 命令的简介

passwd 命令是 Linux 操作系统中用于设置或更改用户密码的工具。该命令允许用户更改自己的密码，而系统管理员则可以使用该命令更改任何用户的密码。passwd 命令不仅限于密码的更改，还可以用于管理用户账号的安全设置，如锁定和解锁用户账号、强制用户修改密码等。passwd 命令的设计初衷是为了保证系统的安全性，确保只有经过授权的用户才能更改密码。

6.3.2 passwd 命令的使用

1. 命令格式

passwd 命令的基本格式如下：

#passwd［选项］用户名

选项：

-d:删除用户密码。

-e:强制用户下次登录时更改密码。

-f:强制执行操作(某些情况下可能需要)。

-g:修改群组密码(但通常使用 gpasswd 命令)。

-i:设置密码过期后多少天账户被禁用。

-k:保持身份验证令牌不过期(不常用)。

-l:锁定用户账户。

-u:解锁用户账户。

-n:设置密码的最短使用期限。

-s:显示用户密码状态。

2. 常见用法

(1) 例 1:更改当前用户的密码。

直接输入 passwd 命令后回车,系统将提示输入并确认新密码,如图 6-1 所示。

```
# passwd
```

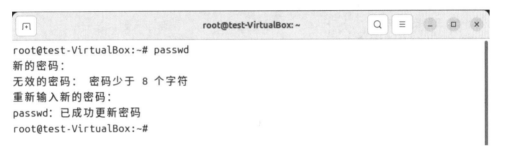

图 6-1　passwd 命令更改当前用户的密码

(2) 例 2:更改指定用户的密码。

管理员可以使用 passwd 命令后跟用户名来更改指定用户的密码,如图 6-2 所示。

```
# passwd test
```

图 6-2　passwd 命令更改指定用户的密码

(3) 例 3:锁定用户账户。

使用-l 选项可以锁定用户账户,禁止其通过密码登录,如图 6-3 所示。

```
# passwd -l test
```

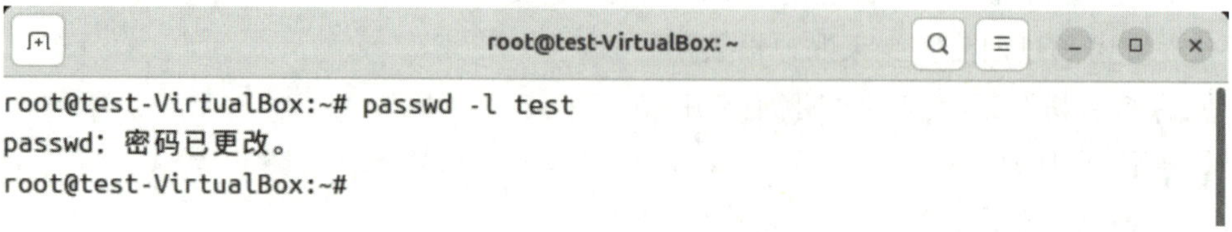
root@test-VirtualBox: ~
root@test-VirtualBox:~# passwd -l test
passwd: 密码已更改。
root@test-VirtualBox:~#

图 6-3　passwd 命令锁定用户账户

(4) 例 4:解锁用户账户。

使用-u 选项可以解锁用户账户,允许其通过密码登录,如图 6-4 所示。

```
# passwd -u test
```

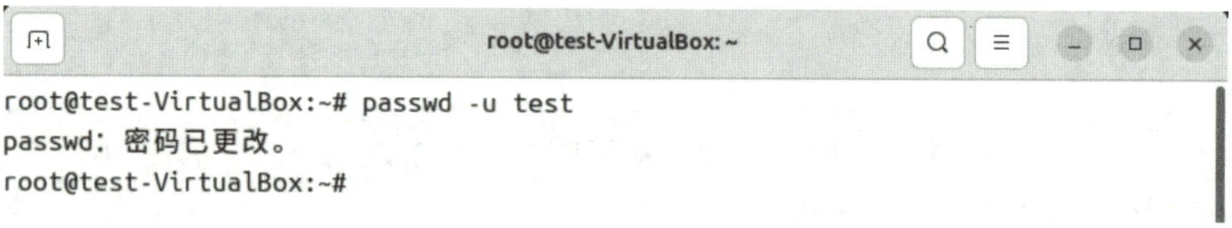
root@test-VirtualBox: ~
root@test-VirtualBox:~# passwd -u test
passwd: 密码已更改。
root@test-VirtualBox:~#

图 6-4　passwd 命令解锁用户账户

6.4　任务 4　管理用户组

6.4.1　groupadd 命令创建用户组

groupadd 命令是 Linux 操作系统中用于创建新用户组的工具。用户组是 Linux 操作系统中用于管理用户权限的一种机制,通过将用户分配到不同的组中,可以为组内的所有用户统一设置权限,从而简化权限管理。groupadd 命令允许系统管理员创建新的用户组,并为其指定组 ID(GID)和组名。

1. 命令格式

groupadd 命令的基本格式如下:

```
# groupadd [选项] 组名
```

选项:

-g GID:指定新用户组的 GID。

-o:允许创建具有重复 GID 的用户组。默认情况下,每个用户组的 GID 必须是唯一的。

-p:为用户组设置密码。这不是常见的做法,因为通常不需要为用户组设置密码。
-r:创建一个系统用户组。
组名:要创建的用户组的名称。

2. 常见用法

(1) 例1:创建新用户组。

直接输入 groupadd 命令后跟组名,即可创建新的用户组。例如:

`#groupadd new_group`

(2) 例2:指定用户组的 GID。例如:

使用-g 选项可以指定新用户组的 GID。

`#groupadd -g 1000 new_group`

6.4.2 groupdel 命令删除用户组

groupdel 命令是 Linux 操作系统中用于删除已存在用户组的工具。作为系统管理员命令,它允许具有适当权限的用户(通常是 root 用户或具有 sudo 权限的用户)从系统中移除不再需要的用户组。执行 groupdel 命令时,会修改系统的/etc/group 和/etc/gshadow 文件,移除与指定用户组相关的条目。

1. 命令格式

groupdel 命令的基本格式如下:

`#groupdel [选项] 组名`

选项:

-f:强制删除用户组,即使该组还有用户存在。
-h:显示帮助信息并退出。
组名:想要删除的用户组的名称。

2. 常见用法

(1) 例1:删除用户组。

要删除一个名为 example_group 的用户组,可以使用以下命令:

`#groupdel example_group`

执行后,example_group 用户组将从系统中删除。

(2) 例2:强制删除用户组。

如果尝试删除的用户组中还有用户存在,默认情况下 groupdel 命令会报错。但可以使用-f 选项强制删除该用户组,即使该组还有用户存在。例如:

`#groupdel -f example_group`

6.4.3 groupmod 命令修改用户组信息

groupmod 命令是 Linux 操作系统中用于修改现有用户组属性的重要工具。通过此命令,系统管理员可以灵活地更改用户组的名称、组 ID(GID)、密码等关键信息。用户组的管理对于系统权限分配和文件访问控制至关重要,groupmod 命令为这些操作提供了直接的命令行接口。

1. 命令格式

groupmod 命令的基本格式如下:

```
# groupmod [选项] 组名
```

选项:

-n NEW_GROUP:将用户组的名称更改为 NEW_GROUP。

-g GID:将用户组的 GID 更改为指定的 GID。

-o:允许将用户组的 GID 更改为一个已经存在的 GID。默认情况下,如果指定的 GID 已被其他组使用,groupmod 命令会报错。使用此选项可以绕过这一限制。

-h:显示 groupmod 命令的帮助信息,列出所有可用的选项和简要说明。

-p:设置用户组的密码。

组名:要修改的用户组的名称。

2. 常见用法

(1) 例 1:修改用户组名称。

将用户组的名称更改为 newgroup 。例如:

```
# groupmod -n newgroup oldgroup
```

该命令将用户组 oldgroup 的名称更改为 newgroup。

(2) 例 2:修改用户组 GID。

将用户组的 GID 更改为指定的 GID。例如:

```
# groupmod -g 1000 newgroup
```

该命令将用户组 newgroup 的 GID 更改为 1000。

6.5 任务 5 查询用户信息

6.5.1 who 命令查看当前登录用户

who 命令是 Linux 操作系统中用于查询当前登录到系统的用户信息的工具。通过执行 who 命令,系统管理员或普通用户可以快速获取当前系统上活跃用户的详细信息,包括用户名、登录时间、登录终端等。who 命令对于系统监控、用户活动追踪以及安全性检查等任务非常有用。

1. 命令格式

who 命令的基本格式如下：

♯who［选项］［文件］

选项：

-a：显示所有信息。

-b：显示系统最后一次启动的时间。

-H：显示列标题，使输出结果更易于阅读。

-q：显示当前登录用户的数量。

-r：显示当前的运行级别。

-s：显示简短输出，仅包含用户名和终端信息。

-u：显示当前登录用户的用户名、终端和时间等信息。

文件：此参数通常用于指定 who 命令查询的替代数据源（如 utmp、wtmp 等文件），但在大多数情况下，此参数可以省略，因为 who 命令默认会查询当前的用户登录信息。

2. 常见用法

（1）例 1：查询当前登录的用户。

who 命令最基本用法是显示当前登录到系统的所有用户的详细信息，如图 6-5 所示。

♯who

图 6-5 who 命令查询当前登录的用户

（2）例 2：查询特定文件的用户登录信息。

通过指定文件参数，who 命令可以查询并显示该文件（如 wtmp）中记录的用户登录信息，如图 6-6 所示。

♯who /var/log/wtmp

6.5.2 id 命令查看用户详细信息

id 命令是 Linux 操作系统中用于显示用户及其所属组的 ID 信息的工具。它对于系统管理员和普通用户来说都非常重要，因为它提供了用户身份认证和权限管理的基础信息。通过 id 命令，用户可以查看自己的 UID（用户 ID）、GID（组 ID）以及所属的其他组 ID，id 命

```
root@test-VirtualBox:~# who /var/log/wtmp
test     seat0      2024-05-26 11:48 (login screen)
test     tty2       2024-05-26 11:48 (tty2)
test     seat0      2024-05-26 15:40 (login screen)
test     tty2       2024-05-26 15:41 (tty2)
test     seat0      2024-06-04 20:29 (login screen)
test     tty2       2024-06-04 20:29 (tty2)
test     seat0      2024-06-05 20:45 (login screen)
test     tty2       2024-06-05 20:45 (tty2)
test     seat0      2024-07-05 14:55 (login screen)
test     tty2       2024-07-05 14:55 (tty2)
test     seat0      2024-07-21 15:51 (login screen)
test     tty2       2024-07-21 15:51 (tty2)
test     seat0      2024-07-27 18:24 (login screen)
test     tty2       2024-07-27 18:24 (tty2)
```

图 6-6　who 命令查询特定文件的用户登录信息

令对于理解系统安全模型、进行权限检查以及调试权限相关的问题都非常有帮助。

1. 命令格式

id 命令的基本格式如下：

#id［选项］［用户名］

选项：

-u：仅显示用户的 UID。

-g：仅显示用户所属的主组 GID。

-G：显示用户所属的所有组 GID，包括主组和附加组。

--help：显示帮助信息，列出所有可用的选项和简短的描述。

--version：显示 id 命令的版本信息。

用户名：要查询信息的用户名。如果不指定用户名，则默认显示当前用户的 ID 信息。

2. 常见用法

(1) 例 1：显示当前用户的 ID 信息。

直接在命令行中输入 id 命令，即可显示当前用户的 UID、GID 以及所属的其他组 ID，如图 6-7 所示。

#id

(2) 例 2：显示指定用户的 ID 信息。

在 id 命令后加上用户名，即可显示该用户的 UID、GID 以及所属的其他组 ID，如图 6-8 所示。

#id test

图 6-7　id 命令显示当前用户的 ID 信息

图 6-8　id 命令显示指定用户的 ID 信息

6.6　任务 6　管理权限

管理权限

6.6.1　chmod 命令改变文件或目录权限

chmod 命令是 Linux 操作系统中用于改变文件或目录访问权限的工具。它是 "change mode" 的缩写，通过修改文件或目录的权限，可以控制谁能够读取、写入或执行这些文件或目录。权限管理对于系统安全和用户资源的保护至关重要。

1. 命令格式

chmod 命令的基本格式有两种：符号模式和数字模式。

（1）符号模式。

```
#chmod［用户］［操作］［权限］文件或目录
```

用户：

u：表示文件所有者（user）。

g：表示与文件所有者同组的用户（group）。

o：表示其他用户（others）。

a：表示所有用户（all），即 u、g 和 o 的总和。

操作：

＋：表示添加权限。

－：表示移除权限。

＝：表示设置精确权限，覆盖原有权限。

权限：

r：表示读权限（read）。

w：表示写权限（write）。

x：表示执行权限（execute）。

（2）数字模式。

♯chmod［0-7］［0-7］［0-7］文件或目录

数字模式使用3个八进制数字来表示权限，分别对应文件所有者（u）、所属组（g）和其他用户（o）的权限。每个数字是读（4）、写（2）和执行（1）权限数字之和。

2．常见用法

（1）例1：给文件所有者添加执行权限。例如：

♯chmod u＋x test

（2）例2：移除文件所属组的写权限。例如：

♯chmod g-w test

（3）例3：设置所有用户只有读权限。例如：

♯chmod a＝r test

（4）例4：设置文件权限为所有者读写执行，所属组和其他用户只读。例如：

♯chmod 744 test

（5）例5：设置所有用户具有读写执行权限。例如：

♯chmod 777 test

6.6.2　chown命令改变文件或目录所有者

在Linux操作系统中，chown命令是一个非常强大的工具，用于修改文件或目录的所有者（owner）和所属组（group）。这对于系统管理员和用户来说，是管理文件和目录权限的重要手段。通过改变文件或目录的所有者和所属组，可以确保只有授权的用户或组能够访问、修改或执行这些文件或目录，从而满足安全性和权限管理的要求。

1．命令格式

chown命令的基本格式如下：

♯chown［选项］［所有者］［所属组］文件或目录

选项：

-R：递归处理，将目录下的所有文件和子目录的所有权都修改为指定的用户和组。

-v：显示详细的处理信息，包括成功更改的文件或目录名。

-f：不显示错误信息，即使发生错误也会继续执行。

-c：仅显示更改了所有权的文件或目录的信息，未更改的不显示。

-h:如果指定的文件是一个符号链接,则更改链接文件本身的所有权,而不是被链接的文件。

所有者:指定文件或目录的新所有者的用户名或用户 ID(UID)。

所属组:可选参数,指定文件或目录的新所属组的组名或组 ID(GID)。

文件或目录:要修改所有者的文件或目录的路径。支持绝对路径和相对路径。

2. 常见用法

(1) 例 1:修改文件的所有者。

将文件 file.txt 的所有者修改为 test。例如:

```
# chown test file.txt
```

(2) 例 2:同时修改文件的所有者和所属组。

将文件 file.txt 的所有者修改为 user1,所属组修改为 group1:

```
# chown user1:group1 file.txt
```

项目七 软件管理

本项目将介绍 Linux 操作系统中的软件管理机制,涵盖软件管理的基本概念、deb 软件包的管理命令、APT 软件包管理工具的使用,以及源码包的管理命令。通过本项目的学习,学生能够熟练掌握 Linux 操作系统中软件管理的核心技能,包括软件的安装、卸载、更新和源码编译安装等,为日后的系统维护和软件开发工作打下坚实基础。

● 【学习目标】

1. 知识目标
- 掌握软件包、软件仓库、依赖关系等概念及其在 Linux 操作系统中的作用。
- 熟悉软件管理命令的使用,包括软件包的安装、卸载、查询和验证等。
- 掌握 APT 工具的使用,包括软件的搜索、安装、卸载、更新和升级等。
- 了解源码包的编译安装过程。

2. 技能目标
- 熟练使用软件管理命令进行软件包的安装、卸载、查询和验证等操作。
- 熟练使用 APT 工具进行软件的搜索、安装、卸载、更新和升级等操作。
- 掌握源码包的下载、解压、编译、安装和卸载等全过程,熟练使用相关命令进行操作。

3. 思政目标
- 通过软件管理操作中的规范性和准确性的学习,培养学生的责任心和细致入微的工作态度。
- 引导学生面对软件管理问题时,能够独立思考、分析问题并寻求解决方案,提升自主学习和解决问题的能力。

7.1 任务 1 软件管理概述

Linux 软件管理是指对 Linux 操作系统中的软件进行安装、更新、卸载和配置等一系列管理活动的总称。有效的软件管理不仅能够确保系统软件的正常运行,还能提升系统的安全性和稳定性。Linux 作为一个开源的操作系统,其软件管理具有多样性,既可以通过传统的源代码编译安装,也可以使用包管理器进行软件的安装和管理。

Linux 软件管理经历了从简单到复杂,从单一到多样的发展过程。早期,Linux 用户主要通过源代码编译的方式来安装软件,这种方式虽然灵活,但过程烦琐,容易出错。随着 Linux 的普及和发展,各种包管理器应运而生,如 APT(Debian 及其派生系)、YUM/DNF(Red Hat 及其派生系)、Pacman(Arch Linux)等,它们极大地简化了软件的安装、更新和卸载过程。近年来,随着容器化和云原生技术的兴起,Linux 软件管理又迎来了新的挑战和机遇,Docker、Kubernetes 等技术的出现为 Linux 软件管理带来了新的思路和方法。

7.2　任务 2　熟悉 deb 软件包管理命令

熟悉 deb 软件包管理命令

7.2.1　dpkg 命令简介

在 Debian 及其衍生系统中,deb 软件包是常见的软件包格式。dpkg 命令是 Linux 操作系统中,特别是在 Debian 及其衍生系统(如 Ubuntu)中用于安装、创建和管理软件包的实用工具。它是 Debian Package Management System(Debian 软件包管理系统)的缩写,由伊恩·默多克(Ian Murdock)创建于 1993 年。dpkg 命令提供了对软件包的直接操作,是 Debian 软件包管理器的基础,但它不依赖于任何特定的软件包管理系统。

7.2.2　dpkg 命令的使用

1. 命令格式

```
#dpkg [选项] 包名
```

选项:

-i:安装软件包。

-r:移除软件包,但保留配置文件。

-P:移除软件包及其配置文件。

-L:列出软件包安装的所有文件。

-l:列出已安装的软件包。

-s:显示软件包的详细信息。

-c:显示软件包内文件列表。

-S:根据文件名查询所属的软件包。

--version:显示 dpkg 的版本信息。

--help:显示帮助信息。

2. 常见用法

(1) 例 1:安装软件包。

使用-i 选项来安装 wps-office_11.1.0.11723_amd64.deb 文件，如图 7-1 所示。
dpkg -i wps-office_11.1.0.11723_amd64.deb

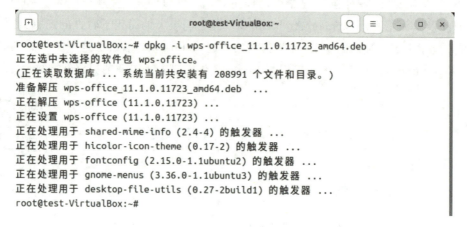

图 7-1　dpkg 命令安装软件包

（2）例 2：查询软件包状态。

使用-l 列出所有已安装的软件包（见图 7-2），并使用-s 查询 wps-office 软件包的详细信息，包括版本号、描述等，如图 7-3 所示。

dpkg -l

ii	wps-office	11.1.0.11723
ii	x11-apps	7.7+11build3
ii	x11-common	1:7.7+23ubuntu3
ii	x11-session-utils	7.7+6build2
ii	x11-utils	7.7+6build2
ii	x11-xkb-utils	7.7+8build2
ii	x11-xserver-utils	7.7+10build2
ii	xauth	1:1.1.2-1build1
ii	xbitmaps	1.1.1-2.2
ii	xbrlapi	6.6-4ubuntu5
ii	xcursor-themes	1.0.6-0ubuntu1
ii	xcvt	0.1.2-1build1
ii	xdg-dbus-proxy	0.1.5-1build2
ii	xdg-desktop-portal	1.18.3-1ubuntu1
ii	xdg-desktop-portal-gnome	46.0-1build1
ii	xdg-desktop-portal-gtk	1.15.1-1build2
ii	xdg-user-dirs	0.18-1build1
ii	xdg-user-dirs-gtk	0.11-1build2
ii	xdg-utils	1.1.3-4.1ubuntu3

图 7-2　dpkg 命令列出所有已安装的软件包

```
# dpkg -s wps-office
```

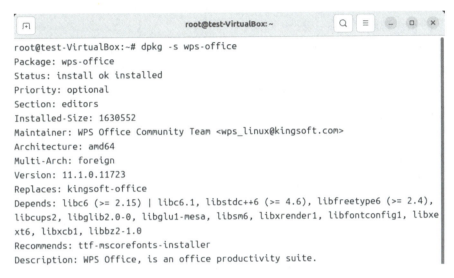

图 7-3　dpkg 命令查询 wps-office 软件包的详细信息

（3）例 3：卸载软件包。

使用 -r 卸载 wps-office 软件包，但保留其配置文件，如图 7-4 所示。

```
# dpkg -r wps-office
```

图 7-4　dpkg 命令卸载 wps-office 软件包

如果要连同其配置一起卸载，可以使用 -P 卸载软件包及其配置文件。例如：

```
# dpkg -P wps-office
```

7.3　任务 3　熟悉 APT 软件包管理工具

Ubuntu 中使用的 APT（advanced package tool）软件包管理工具是一种快速、实用、高效的软件包管理系统，专为 Debian 及其衍生系统（如 Ubuntu）设计。APT 提供了安装、更新、升级和卸载软件包的功能,同时能够自动处理软件包之间的依赖关系,极大地简化了软件包管理过程。

APT 的基本功能如下。

(1) 安装软件包:用户可以通过 APT 轻松地从 Ubuntu 的软件仓库中下载并安装所需的软件包。APT 会自动解决软件包的依赖关系,确保所有必要的依赖项都被正确安装。

(2) 更新软件包列表:APT 能够定期更新软件仓库中的软件包列表,以便用户可以安装最新版本的软件包及其依赖项。

(3) 升级软件包:APT 支持一键升级所有已安装的软件包到最新版本,同时解决新版本的依赖关系问题。

(4) 卸载软件包:用户可以通过 APT 卸载不再需要的软件包,APT 会处理相关的依赖关系,确保系统的稳定性。

(5) 搜索软件包:APT 提供了搜索功能,允许用户根据软件包的名称或描述来查找软件包。

(6) 显示软件包信息:用户可以查看已安装或可安装软件包的详细信息,包括版本号、安装状态、依赖关系等。

7.3.1 apt-get 命令

熟悉 APT 软件包管理工具

apt-get 是 Linux 操作系统中用于包管理的命令行工具,特别适合用于基于 Debian 的系统(如 Debian、Ubuntu 等)。它是 APT 系统的一部分,旨在自动化下载、安装、配置和卸载软件包的过程,同时处理软件包之间的依赖关系。apt-get 命令因其出色地解决依赖关系的能力而广受好评,成为 Linux 社区中管理桌面、笔记本电脑和网络节点的重要工具。

1. 命令格式

♯apt-get [选项] 参数 [软件包名]

选项:

-y:自动回答所有确认提示,方便自动化操作。

-f:尝试修正系统依赖损坏处。

-s:模拟执行命令,不实际安装或卸载任何软件包。

-u:在升级软件包时显示完整的可更新软件包列表。

-V:显示详细的版本号信息。

参数:

install:安装一个新的软件包。

remove:移除一个已安装的软件包。

update:从配置的软件源中获取最新的软件包列表。

upgrade:将系统中所有已安装的软件包升级到最新版本。

2. 常见用法

(1) 例 1：更新软件包列表。

使用 apt-get 命令可以从配置的软件源中获取最新的软件包列表。这是在使用其他 apt-get 命令之前通常要执行的步骤，以确保获取到最新的软件信息，如图 7-5 所示。

```
# apt-get update
```

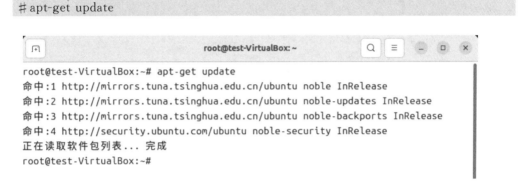

图 7-5　apt-get 命令更新软件包列表

(2) 例 2：升级所有可升级的软件包。

使用 apt-get 命令将系统中所有已安装的软件包升级到最新版本，如图 7-6 所示。

```
# apt-get upgrade
```

图 7-6　apt-get 命令升级所有可升级的软件包

(3) 例 3：安装新的软件包。

通过 apt-get 命令安装 geany 软件，系统会提示用户是否希望继续执行，输入"Y"，按下回车键开始安装，如图 7-7 所示。

```
# apt-get install geany
```

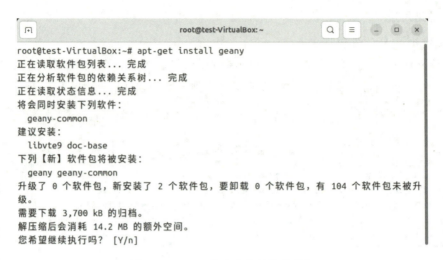

图 7-7 apt-get 命令安装新的软件包

(4) 例 4：移除已安装的软件包。

通过 apt-get 命令移除已安装的 geany 软件，系统会提示用户是否希望继续执行，输入"Y"，按下回车键开始移除，如图 7-8 所示。

apt-get remove geany

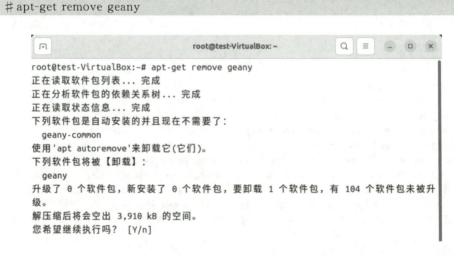

图 7-8 apt-get 命令移除已安装的软件包

7.3.2 apt-cache 命令

apt-cache 命令是 APT 软件包管理工具集的一部分，主要用于查询 APT 内部数据库中的信息。APT 工作在软件包源数据的本地缓存上，这些缓存通常在运行 apt update 时生成。通过 apt-cache 命令，用户可以方便地查询本地 APT 缓存中的软件包信息，如软件包描述、版本、依赖关系等，而不必每次都从远程仓库检索这些信息。

1. 命令格式

#apt-cache［选项］参数［软件包名］

选项：

-p：指定软件包缓存路径。

-s：指定源代码包的缓存路径。

-q：关闭进度获取，使输出更简洁。

-i：仅与 unmet 命令一起使用，获取重要的依赖关系。

-c：读取指定的配置文件。

-h：获取帮助信息。

参数：

show：获取指定软件包的详细信息，包括版本号、安装状态、依赖关系等。

search：根据关键字搜索软件包。

policy：显示软件包的安装状态和版本信息。

depends：显示指定软件包所依赖的其他软件包。

rdepends：显示哪些软件包依赖于指定的软件包。

showpkg：显示软件包的常规信息，包括依赖关系等。

stats：显示当前系统所使用的数据源的统计信息。

dump：显示缓存中每个软件包的简要描述信息或已安装软件包的描述信息。

2. 常见用法

(1) 例 1：查询软件包描述信息。

使用 show 参数可以获取 gedit 软件包的详细信息，包括版本号、安装状态、依赖关系等，如图 7-9 所示。

#apt-cache show gedit

图 7-9 apt-cache 命令查询软件包描述信息

(2) 例 2：搜索软件包。

使用 search 参数可以根据关键字搜索软件包。例如，搜索 gedit 软件包，如图 7-10 所示。

apt-cache search gedit

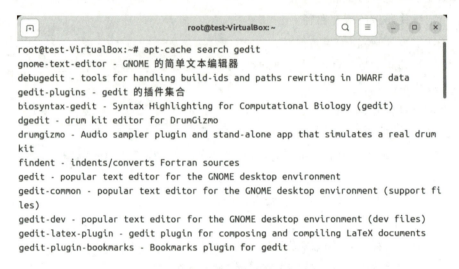

图 7-10　apt-cache 命令搜索软件包

也可以通过 --names-only 选项仅搜索软件包名称，减少搜索范围。

(3) 例 3：显示软件包的安装状态和版本信息。

使用 policy 参数可以显示软件包的安装状态和版本信息，如图 7-11 所示。

apt-cache policy gedit

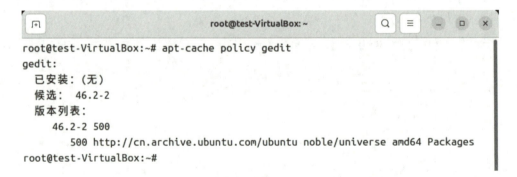

图 7-11　apt-cache 命令显示软件包的安装状态和版本信息

(4) 例 4：显示统计信息。

使用 stats 参数可以显示当前系统所使用的数据源的统计信息，如图 7-12 所示。

apt-cache stats

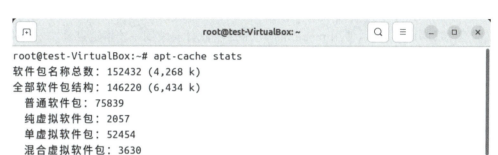

图 7-12 apt-cache 命令显示统计信息

7.4 任务 4 熟悉源码软件包管理命令

源码软件包是指包含程序源代码的软件包,这些源代码程序通常由程序员使用 C、C++等编程语言编写而成。与二进制软件包不同,源码软件包需要用户在本地计算机上进行编译,生成可执行文件后才能安装和运行。源码软件包具有以下几个特点。

(1) 开源性:源码包是开源的,用户可以自由查看、修改和使用源代码,对于学习编程、理解软件工作原理以及进行软件定制非常有帮助。

(2) 灵活性:用户可以根据自己的需求定制和编译源码软件包,选择安装所需的功能和模块,从而实现软件的个性化定制。

(3) 适配性:由于源码软件包是在本地编译的,因此生成的可执行文件更加适合自己的系统环境,稳定性和效率通常更高。

源码软件包的安装过程通常包括以下几个步骤。

(1) 下载源码包:用户需要从软件官方网站或版本控制系统中下载源码包,这些源码软件包通常以压缩包的形式提供,如.tar.gz、.tgz、.bz2 等。

(2) 解压源码包:使用解压工具(如 tar 命令)将下载的源码软件包解压到指定目录。

(3) 安装编译工具:确保系统中已安装必要的编译工具,如 gcc、make 等。这些工具用于将源代码编译成计算机可直接执行的二进制程序。

(4) 配置:进入解压后的源码目录,执行 ./configure 脚本进行配置。该脚本会检测系统环境并生成 Makefile 文件,该文件包含了编译和安装软件所需的规则。

(5) 编译:使用 make 命令根据 Makefile 文件中的信息进行编译。编译过程可能需要较长时间,特别是对于大型软件。

（6）安装:编译完成后,使用 make install 命令将软件安装到系统指定目录。

7.4.1　configure 脚本

configure 脚本是源码包中用于配置软件编译环境的 Shell 脚本。它负责检查系统环境,如操作系统类型、编译器版本、库文件等,以确保软件可以在当前环境中成功编译和运行。通过 configure 脚本,用户可以自定义软件的编译选项,如指定安装目录、启用或禁用特定功能等。

1. 命令格式

＃./configure[选项]

选项:

--prefix:指定软件的安装目录。

--exec-prefix:指定可执行文件的安装目录,通常与--prefix 相同,但也可以单独设置。

--bindir:指定用户可执行文件的安装目录。

--sbindir:指定系统管理员可执行文件的安装目录。

--libexecdir:指定程序可执行文件的安装目录。

--datadir:指定通用数据文件的安装目录。

--sysconfdir:指定只读单一机器数据文件的安装目录。

--sharedstatedir:指定可以在多个机器上共享的可写数据的安装位置。

--localstatedir:指定可修改的单机数据文件的安装目录。

--libdir:指定对象代码库的安装目录。

--includedir:指定 C 语言头文件的安装目录。

--with-package:指定启用或配置特定的软件包或库。

--without-package:指定禁用特定的软件包或库。

--enable-feature:启用特定的软件功能。

--disable-feature:禁用特定的软件功能。

2. 常见用法

（1）例1:下载并配置 mplayer 视频播放器软件源码。

在浏览器的地址栏中输入:www.mplayerhq.hu,进入 mplayer 视频播放器官网,如图7-13 所示。

从 mplayer 视频播放器官网中,单击"HTTP(gzip,22MB)"链接,下载 mplayer 软件的源码包 MPlayer-1.5.tar.gz 文件。通过下面命令解压源码软件包。

＃tar xvf MPlayer-1.5.tar.gz

解压过程如图 7-14 所示。

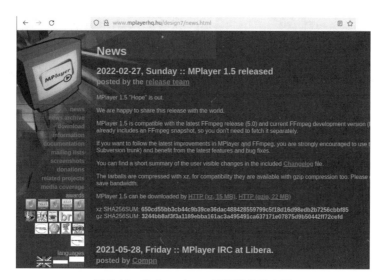

图 7-13　进入 mplayer 视频播放器官网

图 7-14　解压源码包

在解压源码软件包后,安装必要的编译工具和依赖的软件包。可以通过下面命令安装:

♯apt-get insatall gcc make yasm libgtk2.0-dev

编译工具和依赖的软件包安装完成后,进入源码目录,执行./configure命令。如果脚本没有执行权限,需要先使用 chmod ＋x configure 命令给予执行权限。例如:

♯cd MPlayer-1.5
♯chmod ＋x configure
♯./configure

configure 脚本配置源代码如图 7-15 所示。

(2) 例 2:指定安装目录并配置源代码。

如果想用指定软件安装在特定的目录中,可以使用--prefix 选项指定软件的安装目录。

```
root@test-VirtualBox:~/MPlayer-1.5# ./configure
Checking for ffmpeg/libavcodec/allcodecs.c ... found
Checking for ffmpeg/libavcodec/hwaccels.h ... found
Checking for ffmpeg/libavformat/allformats.c ... found
Checking for ffmpeg/libavcodec/bitsteram_filters.c ... found
Checking for ffmpeg/libavcodec/cbs_internal.h ... found
Checking for ffmpeg/libavformat/protocols.c ... found
Checking for ffmpeg/libavfilter/allfilters.c ... found
Checking for cc version ... 13
Checking for working compiler ... yes
Detected operating system: Linux
Detected host architecture: x86_64
Checking for cross compilation ... no
Checking for host cc ... cc
Checking for CPU vendor ... GenuineIntel (6:158:9)
Checking for CPU type ...    Intel(R) Core(TM) i5-7400 CPU @ 3.00GHz
```

图 7-15 configure 脚本配置源代码

例如，配置 mplayer 视频播放器源代码，安装目录设置为/opt/mplayer：

./configure --prefix=/opt/mplayer

confogire 脚本指定安装目录并配置源代码如图 7-16 所示。

```
root@test-VirtualBox:~/MPlayer-1.5# ./configure --prefix=/opt/mplayer
Checking for ffmpeg/libavcodec/allcodecs.c ... found
Checking for ffmpeg/libavcodec/hwaccels.h ... found
Checking for ffmpeg/libavformat/allformats.c ... found
Checking for ffmpeg/libavcodec/bitsteram_filters.c ... found
Checking for ffmpeg/libavcodec/cbs_internal.h ... found
Checking for ffmpeg/libavformat/protocols.c ... found
Checking for ffmpeg/libavfilter/allfilters.c ... found
Checking for cc version ... 13
Checking for working compiler ... yes
Detected operating system: Linux
Detected host architecture: x86_64
Checking for cross compilation ... no
Checking for host cc ... cc
Checking for CPU vendor ... GenuineIntel (6:158:9)
Checking for CPU type ...    Intel(R) Core(TM) i5-7400 CPU @ 3.00GHz
```

图 7-16 configure 脚本指定安装目录并配置源代码

7.4.2 make 命令

make 命令是 Linux 环境下一个非常强大的自动化构建工具，它通过读取 Makefile 文件(或 make 识别的其他文件)来自动执行编译、链接等构建过程。Makefile 文件是一个非常重要的文件，它用于定义一系列的编译和构建规则。Makefile 文件通常与 make 命令一起使用，以自动化编译和构建过程。

make 能够智能地识别哪些文件已经被修改，从而仅重新编译那些需要更新的部分，极大地提高了开发效率。make 命令广泛用于各种编程语言和平台，是软件开发中不可或缺的工具之一。

1. 命令格式

♯make［选项］［参数］

选项：

-f:指定要使用的Makefile文件。

-C:指定Makefile文件所在的目录,并在该目录中执行make命令。

-n:显示将要执行的命令,但不实际执行它们。

-B:强制重新构建所有目标,即使它们已经是最新的。

-j［N］:指定并行执行的任务数,N为数字,如-j 4表示同时执行4个任务。

-s:静默模式,只显示错误信息,不显示其他命令输出。

-k:即使某个任务失败,也继续执行后续任务。

参数：

clean:删除编译好的文件。

install:将编译好的程序安装到系统中。

uninstall:从系统中卸载已安装的程序,删除可执行文件、库文件、配置文件等。

2. 常见用法

(1) 例1:编译源代码并安装软件。

在configure脚本配置好源代码后,可以执行make命令进行编译。make命令会查找当前目录下的Makefile文件,并自动执行其中的编译指令。例如,在使用configure脚本配置mplayer视频播放器源代码后,使用make命令进行编译:

♯make

make命令编译的源代码如图7-17所示。

图7-17 make命令编译源代码

注意：编译过程可能会出现图 7-18 所示的错误。

```
./libavcodec/x86/mathops.h:125: Error: operand type mismatch for `shr'
./libavcodec/x86/mathops.h:125: Error: operand type mismatch for `shr'
./libavcodec/x86/mathops.h:125: Error: operand type mismatch for `shr'
./libavcodec/x86/mathops.h:125: Error: operand type mismatch for `shr'
./libavcodec/x86/mathops.h:125: Error: operand type mismatch for `shr'
./libavcodec/x86/mathops.h:125: Error: operand type mismatch for `shr'
./libavcodec/x86/mathops.h:125: Error: operand type mismatch for `shr'
./libavcodec/x86/mathops.h:125: Error: operand type mismatch for `shr'
./libavcodec/x86/mathops.h:125: Error: operand type mismatch for `shr'
./libavcodec/x86/mathops.h:125: Error: operand type mismatch for `shr'
./libavcodec/x86/mathops.h:125: Error: operand type mismatch for `shr'
./libavcodec/x86/mathops.h:125: Error: operand type mismatch for `shr'
./libavcodec/x86/mathops.h:125: Error: operand type mismatch for `shr'
make[1]: *** [ffbuild/common.mak:78: libavformat/adtsenc.o] Error 1
make[1]: Leaving directory '/root/MPlayer-1.5/ffmpeg'
make: *** [Makefile:744: ffmpeg/libavformat/libavformat.a] 错误 2
```

图 7-18　编译过程可能出现的错误

这些错误是由于汇编代码中存在类型不匹配的错误，导致无法通过汇编阶段编译。需要修改 MPlayer-1.5/ffmpeg/libavcodec/x86/mathops.h 文件。修改后的函数定义如下：

```
#define MULL MULL
static av_always_inline av_const int MULL(int a, int b, unsigned shift)
{
    int rt, dummy;
    __asm__ (
        "imull %3              \n\t"
        "shrdl %4, %%edx, %%eax \n\t"
        :"=a"(rt), "=d"(dummy)
        :"a"(a), "rm"(b), "c"((uint8_t)shift)
    );
    return rt;
}
#define NEG_SSR32 NEG_SSR32
static inline  int32_t NEG_SSR32( int32_t a, int8_t s){
    __asm__ ("sarl %1, %0\n\t"
        : "+r" (a)
        : "c" ((uint8_t)(-s))
    );
    return a;
}
#define NEG_USR32 NEG_USR32
static inline uint32_t NEG_USR32(uint32_t a, int8_t s){
    __asm__ ("shrl %1, %0\n\t"
```

```
            : "+r" (a)
            : "c" ((uint8_t)(-s))
        );
        return a;
}
```

通常源码软件包编译完成后,需要执行 make install 命令将编译好的程序安装到系统中。这个命令会从 Makefile 中读取与安装相关的指令,将可执行文件、库文件、配置文件等复制到指定的安装目录下。例如:

♯make install

make install 命令安装软件过程如图 7-19 所示。

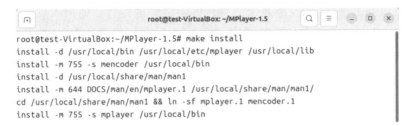

图 7-19 make install 命令安装软件

(2) 例 2:卸载已安装的软件。

该命令会从系统中卸载已安装的程序,删除可执行文件、库文件、配置文件等。不过,由于 make uninstall 不是所有软件包都提供的标准功能,因此在卸载软件时,用户可能需要手动删除相关文件或目录。例如:

♯make uninstall

make uninstau 命令卸载软件过程如图 7-20 所示。

图 7-20 make uninstall 命令卸载软件

项目八　网络管理

本项目将介绍 Linux 操作系统中的网络管理机制,包括网络管理的基本概念、基于图形界面的网络管理工具使用,以及基于命令行的网络管理操作。通过本项目的学习,学生能够熟练掌握 Linux 操作系统中网络管理的核心技能,包括网络配置、故障排除、网络服务等,为日后的网络维护和管理工作打下坚实基础。

● 【学习目标】

1. 知识目标

● 掌握网络管理、网络协议、IP 地址、DNS 等概念及其在 Linux 操作系统中的作用。

● 熟悉 Linux 操作系统中常见的图形界面网络管理工具,并掌握其使用方法。

● 了解常用网络命令的使用方法和作用。

2. 技能目标

● 熟练使用图形界面工具进行网络配置、连接管理、故障排除等操作。

● 掌握常用网络命令的使用,能够进行网络配置、状态查询、故障排除等操作。

● 了解 Linux 操作系统中常见网络服务的配置和管理方法,能够进行基本的网络服务配置和故障排除。

3. 思政目标

● 强调网络安全的重要性,培养学生的网络安全意识和责任感。

● 促进学生之间的沟通与协作,培养团队合作精神。

8.1　任务 1　网络管理概述

Linux 网络管理是指对运行在 Linux 操作系统上的网络设备、服务、协议以及数据传输进行配置、监控和维护的一系列活动。它涵盖了从基本的网络连接设置到复杂的网络服务和安全策略的配置。Linux 由于其开源、稳定、高效的特点,在网络服务器、路由器、交换机等多种网络设备中得到了广泛应用。网络管理在 Linux 操作系统中扮演着至关重要的角色,它确保了网络的稳定运行和高效的数据传输。

随着互联网的快速发展,Linux 网络管理也在不断演进。早期的 Linux 网络管理主要依赖于命令行工具,如 ifconfig、netstat、route 等,这些工具虽然功能强大,但对于初学者来说不够友好。随着图形用户界面(GUI)的发展,一些基于图形界面的网络管理工具应运而生,如 NetworkManager、Webmin 等,它们大大简化了网络配置的复杂度,使得网络管理变得更加直观和易用。

同时,随着云计算、虚拟化技术的兴起,Linux 网络管理也面临着新的挑战和机遇。容器技术(如 Docker)和虚拟网络技术(如 Open vSwitch)的发展,要求 Linux 网络管理能够适应更加动态、复杂的网络环境。因此,Linux 网络管理也在不断发展和创新,以适应新技术的需求。

8.2 任务 2 基于图形界面的网络管理

在 Linux 操作系统中,基于图形界面的网络管理工具提供了一种直观、易用的方式来配置和管理网络设置。这种管理方式尤其适合那些不熟悉命令行操作的用户,使得网络配置变得更加简单和高效。Linux 操作系统下的图形界面网络管理通常依赖于桌面环境提供的网络管理工具。这些工具允许用户通过图形化的界面来查看、配置和测试网络连接。不同的 Linux 发行版和桌面环境可能提供不同的网络管理工具,但大多数都支持基本的网络配置功能。

操作步骤如下:

首先单击 Ubuntu 桌面右上角的按钮,会弹出如图 8-1 所示的菜单。

在菜单中,单击"有线"右边的">"按钮,打开"有线连接"界面,如图 8-2 所示。

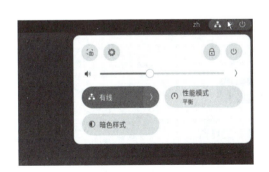

图 8-1 单击右上角的按钮后弹出的菜单

图 8-2 "有线连接"界面

在"有线连接"界面中,单击"有线设置"按钮,打开网络设置界面,如图 8-3 所示。

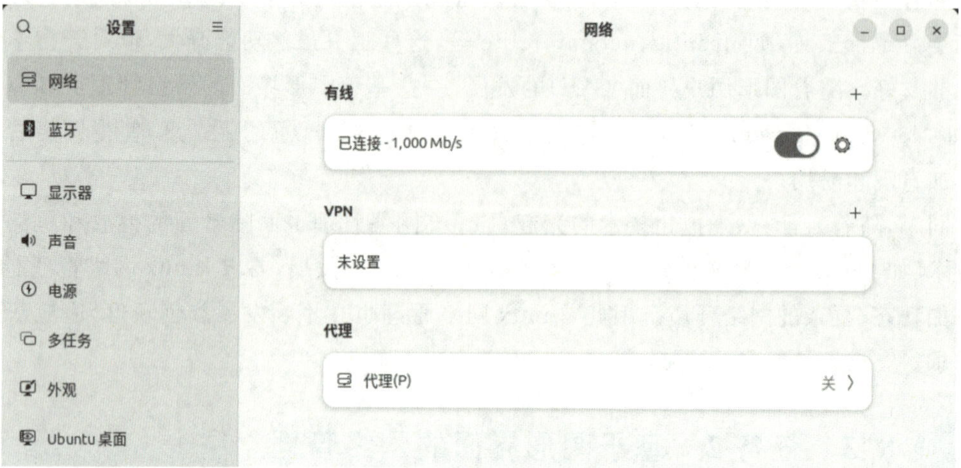

图 8-3 网络设置界面

在网络设置界面中,单击 ⚙ 按钮,进入有线网络配置界面,如图 8-4 所示。

图 8-4 有线网络配置界面

在有线网络配置界面中,默认显示的是"详细信息"选项卡,单击"IPv4"选项卡,进入 IPv4 网络配置界面,如图 8-5 所示。

在 IPv4 网络配置界面中,可以选择"手动",手动设置 IP 地址,如图 8-6 所示。

设置好 IP 地址后,单击右上角的"应用"按钮,使网络配置生效。

图 8-5 IPv4 网络配置界面

图 8-6 设置 IP 地址

8.3 任务 3 基于命令行的网络管理

基于命令行
的网络管理

Linux 基于命令行的网络管理是一种强大且灵活的方式,允许系统管理员通过命令行界面配置和管理网络设置。这种方式不依赖于图形用户界面,因此在没有图形环境的服务器或远程管理场景中尤为重要。Linux 提供了多种命令来配置和管理网络,这些命令包括 ifconfig、ifup、ifdown、ping、netstat 等。

8.3.1 ifconfig 命令

ifconfig 命令是 Linux 操作系统下的一个网络配置工具,用于查看和设置网络接口的配置信息。该命令能够显示网络接口(如网卡)的详细信息,包括 IP 地址、子网掩码、广播地址等,并允许用户对这些参数进行配置,如启用或禁用网络接口、设置静态 IP 地址等。

1. 命令格式

#ifconfig［选项］［网络接口］［命令］

选项:

-a:显示所有接口,包括未激活的接口。

-s:显示接口的简短信息。

-v:显示接口的详细信息,包括 MTU、广播地址等。

网络接口:指定要操作的网络接口,如 eth0、lo 等。

命令:

up:启动接口。

down:关闭接口。

netmask 子网掩码:设置网络设备的子网掩码。

2. 常见用法

(1) 例 1:查看所有网络接口信息。

ifconfig 命令使用-a 选项查看所有网络接口(包括未激活的接口)的信息,如图 8-7 所示。

#ifconfig -a

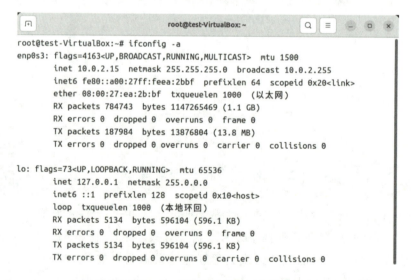

图 8-7　ifconfig 命令查看所有网络接口信息

(2) 例 2:查看指定网络接口的详细信息。

若要查看特定接口的详细信息,则直接指定接口名称,具体示例如图 8-8 所示。

#ifconfig enp0s3

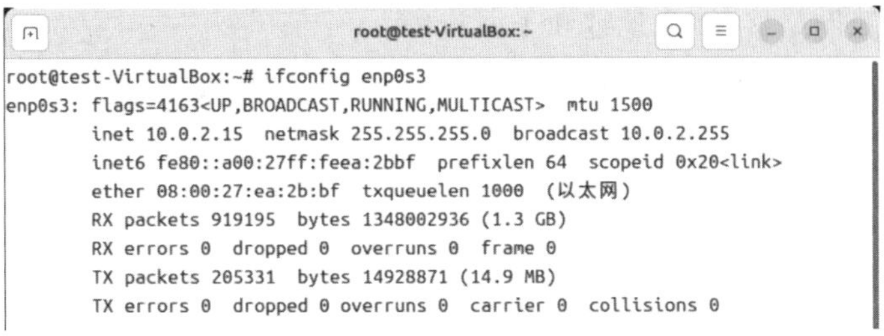

图 8-8 ifconfig 命令查看指定网络接口详细信息

(3) 例 3:禁用网络接口。

使用 down 命令禁用指定的网络接口,具体示例如图 8-9 所示。

```
#ifconfig enp0s3 down
#ifconfig
```

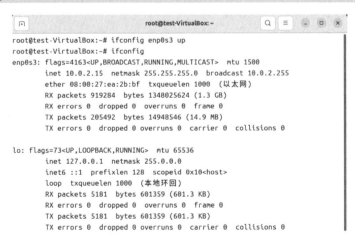

图 8-9 ifconfig 命令禁用网络接口

(4) 例 4:启用网络接口。

使用 up 命令启用指定的网络接口,具体示例如图 8-10 所示。

```
#ifconfig enp0s3 up
#ifconfig
```

图 8-10 ifconfig 命令启用网络接口

(5) 例 5:设置网络接口 IP 地址和子网掩码。

通过 ifconfig 命令为网络接口配置静态 IP 地址和子网掩码,具体示例如图 8-11 所示。

♯ifconfig enp0s3 192.168.0.1 netmask 255.255.255.0

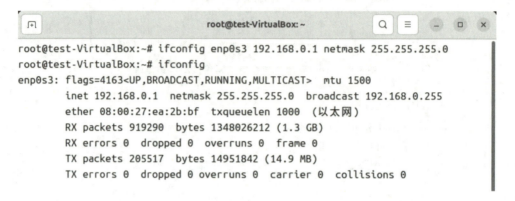

图 8-11　ifconfig 命令设置网络接口 IP 地址和子网掩码

8.3.2　ifup 与 ifdown 命令

在 Linux 操作系统中,ifup 和 ifdown 命令是管理网络接口的重要命令,分别用于启动和禁用指定的网络接口。ifup 命令用于激活(启动)指定的网络接口。当网络接口被禁用或配置完成后,可以使用 ifup 命令来启用它,并使其能够正常工作。ifdown 命令用于禁用指定的网络接口。当需要暂时关闭网络接口或进行故障排除时,ifdown 命令非常有用。

1. 命令格式

ifup 命令格式:

♯ifup [选项] 网络接口

ifdown 命令格式:

♯ifdown [选项] 网络接口

选项:

-a:激活或禁用所有配置或活动的网络接口。

-v:显示详细的执行信息,帮助用户了解命令执行的每一步操作。

网络接口:指定要操作的网络接口,如 eth0、lo 等。

2. 常见用法

(1) 例 1:禁用指定的网络接口。

使用 ifdown 命令后跟网络接口名称来禁用该接口。例如,禁用名为 eth0 的以太网接口:

♯ifdown eth0

(2) 例 2：启动指定的网络接口。

使用 ifup 命令后跟网络接口名称来启动该接口。例如，启动名为 eth0 的以太网接口：

♯ifup eth0

(3) 例 3：启动所有已配置的网络接口。

使用 ifup 命令的-a 选项可以启动所有在配置文件中定义的网络接口。例如：

♯ifup -a

(4) 例 4：禁用所有已活动的网络接口。

使用 ifdown 命令的-a 选项可以禁用所有当前处于活动状态的网络接口。例如：

♯ifdown -a

8.3.3 ping 命令

ping 命令是一种常用的网络诊断工具，用于测试网络连接是否正常以及估算网络延迟。它通过发送 ICMP(Internet control message protocol，互联网控制消息协议)回显请求消息到目标主机，并监听回显应答来验证网络连接。ping 命令不仅能检查网络是否通畅，还能通过统计响应时间来评估网络性能。

1. 命令格式

♯ping [选项] 目标主机

选项：

-t：持续 ping 指定的主机，直到用户中断(在 Windows 操作系统中有效)。

-a：将地址解析为主机名。

-n count：发送由 count 指定数量的 ECHO 报文，默认值为 4。

-l size：发送包含由 size 指定数据长度的 ECHO 报文，默认值为 64 字节，最大值为 65500 字节。

-f：在数据包中设置"不分段"标志，防止数据包被路由上的网关分段。

-4：强制使用 IPv4 地址。

-6：强制使用 IPv6 地址。

目标主机：IP 地址或域名

2. 常见用法

(1) 例 1：测试本机网络连接。

ping 命令用于测试本机 TCP/IP 协议栈是否正常工作。如果成功，则表明本机网络接口配置正确，且 TCP/IP 协议栈无问题。具体示例如图 8-12 所示。

♯ping 127.0.0.1

(2) 例 2：测试远程主机连接。

ping 命令测试与 Google 公共 DNS 服务器的连接，如图 8-13 所示。

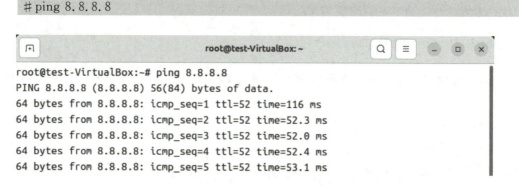

图 8-12　ping 命令测试本机网络连接

ping 8.8.8.8

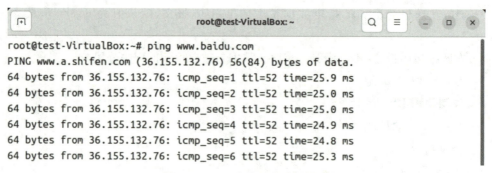

图 8-13　ping 命令测试远程主机连接

(3) 例 3：测试域名解析。

ping 命令测试域名解析是否正常，并检查到该域名的网络连接。具体示例如图 8-14 所示。

ping www.baidu.com

```
root@test-VirtualBox:~# ping www.baidu.com
PING www.a.shifen.com (36.155.132.76) 56(84) bytes of data.
64 bytes from 36.155.132.76: icmp_seq=1 ttl=52 time=25.9 ms
64 bytes from 36.155.132.76: icmp_seq=2 ttl=52 time=25.0 ms
64 bytes from 36.155.132.76: icmp_seq=3 ttl=52 time=25.0 ms
64 bytes from 36.155.132.76: icmp_seq=4 ttl=52 time=24.9 ms
64 bytes from 36.155.132.76: icmp_seq=5 ttl=52 time=24.8 ms
64 bytes from 36.155.132.76: icmp_seq=6 ttl=52 time=25.3 ms
```

图 8-14　ping 命令测试域名解析

8.3.4　netstat 命令

netstat 命令是一个强大的网络工具，用于显示网络连接、路由表、接口统计、伪装连接以及多播成员的资料。通过 netstat 命令，用户可以了解 Linux 操作系统中的网络状况，包括哪些连接是活动的,哪些端口是开放的,以及哪些服务正在监听等。

1. 命令格式

```
#netstat [选项]
```

选项:

-a:显示所有连接和监听端口。

-t:仅显示 TCP 连接。

-u:仅显示 UDP 连接。

-l:仅显示处于监听状态的端口。

-s:显示每个协议的统计信息。

-r:显示路由表。

-i:显示网络接口列表。

-n:以网络地址的数字形式显示地址和端口号,不尝试解析名称。

-p:显示进程标识符和程序名称(需要相应的权限)。

-c:每隔一秒重新显示选定的信息。

2. 常见用法

(1) 例 1:显示所有连接和监听端口。

netstat 命令可以显示所有连接和监听端口,包括 TCP 和 UDP 连接,如图 8-15 所示。

```
#netstat -a
```

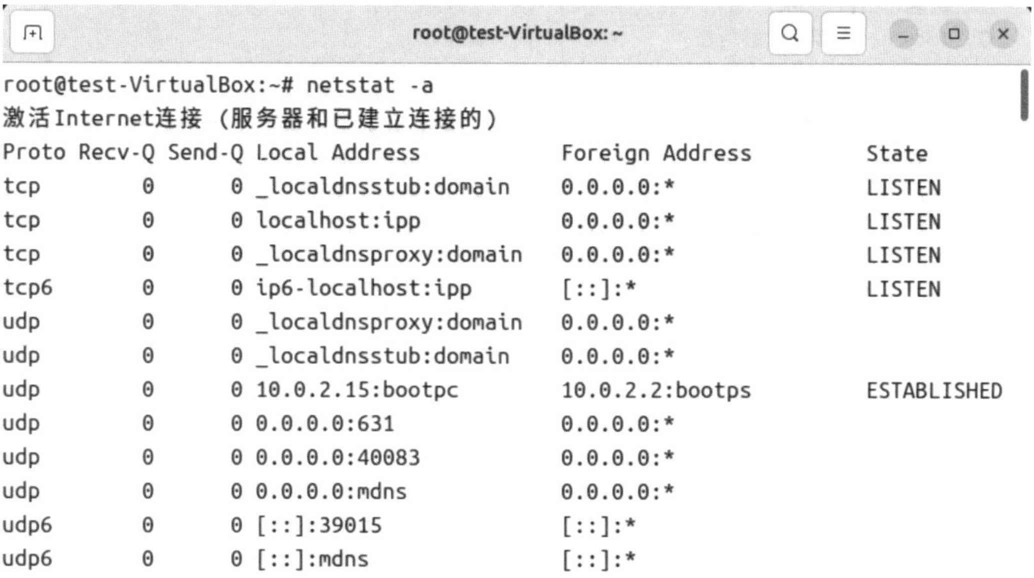

```
root@test-VirtualBox:~# netstat -a
激活Internet连接 (服务器和已建立连接的)
Proto Recv-Q Send-Q Local Address           Foreign Address         State
tcp        0      0 _localdnsstub:domain    0.0.0.0:*               LISTEN
tcp        0      0 localhost:ipp           0.0.0.0:*               LISTEN
tcp        0      0 _localdnsproxy:domain   0.0.0.0:*               LISTEN
tcp6       0      0 ip6-localhost:ipp       [::]:*                  LISTEN
udp        0      0 _localdnsproxy:domain   0.0.0.0:*
udp        0      0 _localdnsstub:domain    0.0.0.0:*
udp        0      0 10.0.2.15:bootpc        10.0.2.2:bootps         ESTABLISHED
udp        0      0 0.0.0.0:631             0.0.0.0:*
udp        0      0 0.0.0.0:40083           0.0.0.0:*
udp        0      0 0.0.0.0:mdns            0.0.0.0:*
udp6       0      0 [::]:39015              [::]:*
udp6       0      0 [::]:mdns               [::]:*
```

图 8-15 netstat 命令显示所有连接和监听端口

(2) 例 2：显示所有 TCP 连接。

netstat 命令可以显示 TCP 连接，例如：

```
# netstat -t
```

(3) 例 3：显示所有 UDP 连接。

netstat 命令可以显示 UDP 连接，如图 8-16 所示。

```
# netstat -u
```

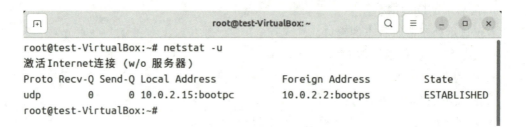

图 8-16　netstat 命令显示所有 UDP 连接

(4) 例 4：显示监听状态的端口。

netstat 命令可以显示所有处于监听状态的端口，如图 8-17 所示。

```
# netstat -l
```

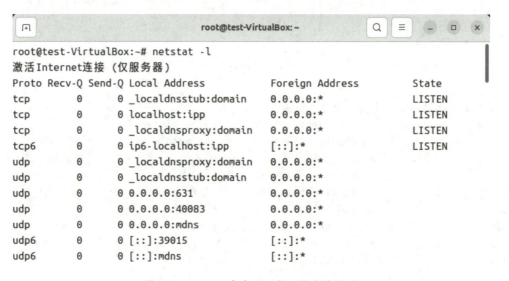

图 8-17　netstat 命令显示监听状态的端口

项目九 服务器管理

本项目深入介绍 Linux 操作系统中的服务器管理机制,涵盖 SSH 服务、FTP 服务、NFS 服务以及 Web 服务的管理与配置。通过本项目的学习,学生能够熟练掌握 Linux 操作系统中常见服务器服务的搭建、配置、管理和维护技能,为日后的服务器管理工作和进一步学习更高级的服务器技术打下坚实基础。

● 【学习目标】

1. 知识目标
- 掌握常用服务器服务的基本概念、作用和工作原理。
- 熟悉 Linux 操作系统中常见服务器服务的配置文件、管理命令和日志分析方法。
- 了解服务器安全配置的重要性,掌握基本的服务器安全配置与优化技巧。

2. 技能目标
- 熟练使用 SSH 服务的管理命令,能够进行 SSH 服务的安装、配置、启动、停止和重启等操作。
- 掌握 FTP 服务的管理方法,能够进行 FTP 服务的安装、配置、用户管理和权限设置等操作。
- 了解 NFS 服务的工作原理,能够进行 NFS 服务的安装、配置、启动、停止和客户端访问等操作。
- 熟悉 Web 服务的基本架构,能够进行 Web 服务的安装、配置、虚拟主机设置和访问控制等操作。

3. 思政目标
- 强调服务器管理工作的重要性和责任,培养学生的责任心和服务意识。
- 促进学生之间的沟通与协作,培养团队合作精神。

9.1 任务1 管理与配置 SSH 服务

9.1.1 SSH 概述

SSH(secure shell)是一种网络协议,用于加密方式远程登录,以及提供其他网络服务。SSH 协议默认端口号为 22,通过该协议,用户可以在本地计算机与远程计算机之间安全地传输数据,实现远程登录、文件传输等操作,同时保证了数据传输的安全性。相比于传统的 Telnet、FTP 等协议,SSH 提供了更好的认证和加密机制,有效防止了中间人攻击和数据窃听。

9.1.2 安装和配置 SSH

1. 安装 SSH

(1) 更新源列表。

打开终端窗口,切换到 root 用户,输入下面命令:

```
# apt-get update
```

apt-get 命令更新源列表如图 9-1 所示。

管理与配置
SSH 服务

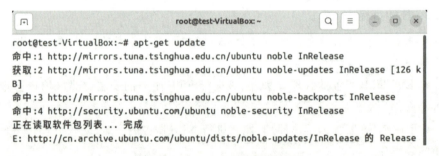

图 9-1　apt-get 命令更新源列表

(2) 安装 SSH。

在终端窗口,输入下面命令:

```
# apt-get install openssh-server
```

apt-get 命令安装 SSH 如图 9-2 所示。

输入"Y",然后按下回车键,等待安装完成。

2. 配置 SSH

(1) 打开 SSH 配置文件。

使用 vi 命令打开配置文件"/etc/ssh/sshd_config"。在终端窗口,输入下面命令:

```
# vi /etc/ssh/sshd_config
```

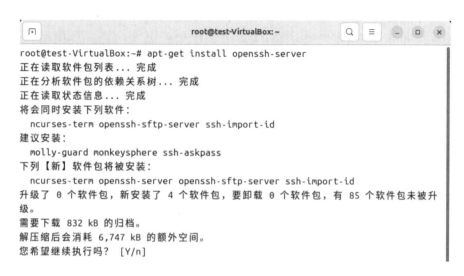

图 9-2　apt-get 命令安装 SSH

vi 命令打开 SSH 配置文件如图 9-3 所示。

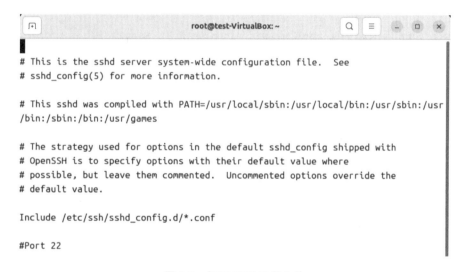

图 9-3　打开 SSH 配置文件

(2) 修改 SSH 配置文件。

修改内容如下：

```
Port 22
PermitRootLogin yes
GSSAPIAuthentication yes
GSSAPICleanupCredentials no
```

(3) 测试 SSH 配置文件是否正确。

我们可以通过登录本机的 SSH 服务，来测试 SSH 配置文件是否正确。首先，用 ifconfig 命令获得本机的 IP 地址,如图 9-4 所示。

```
#ifconfig
```

```
root@test-VirtualBox:~# ifconfig
enp0s3: flags=4163<UP,BROADCAST,RUNNING,MULTICAST>  mtu 1500
        inet 192.168.1.4  netmask 255.255.255.0  broadcast 192.168.1.255
        inet6 2409:8a38:4871:10c0:a00:27ff:feea:2bbf  prefixlen 64  scopeid 0x0<global>
        inet6 2409:8a38:4871:10c0:d842:c1eb:8eea:ffb4  prefixlen 64  scopeid 0x0<global>
        inet6 fe80::a00:27ff:feea:2bbf  prefixlen 64  scopeid 0x20<link>
        ether 08:00:27:ea:2b:bf  txqueuelen 1000  (以太网)
        RX packets 9594  bytes 13694315 (13.6 MB)
        RX errors 0  dropped 39  overruns 0  frame 0
        TX packets 4610  bytes 311604 (311.6 KB)
        TX errors 0  dropped 0 overruns 0  carrier 0  collisions 0
```

图 9-4 ifconfig 命令获得本机 IP 地址

通过 ifconfig 命令获知本机 IP 地址为 192.168.1.4。然后通过 ssh 命令登录本机的 SSH 服务,如图 9-5 所示。

```
#ssh root@192.168.1.4
```

图 9-5 ssh 命令登录本机的 SSH 服务

其中,test 为用户名,192.168.1.4 为本机 IP 地址。

9.1.3　SSH 远程登录

(1) 准备工作。

要确保本 Windows 操作系统计算机和 Ubuntu 操作系统虚拟机是通过桥接的方式连接在局域网中的。通过 ping 对方的 IP 地址,确保网络联通。在 Windows 操作系统中,我们可以通过 putty 软件远程登录 SSH 服务。

(2) 下载 putty。

进入页面:https://www.chiark.greenend.org.uk/~sgtatham/putty/latest.html,单击"putty-64bit-0.81-installer.msi"链接下载 putty,如图 9-6 所示。

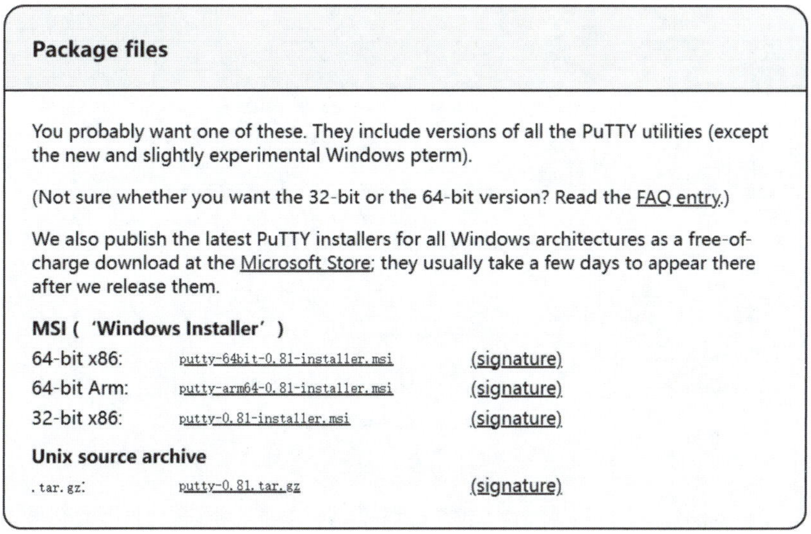

图 9-6　putty 下载页面

(3) 运行 putty。

在 Windows 操作系统中,安装并打开 putty 软件,如图 9-7 所示。

(4) 输入主机的 IP 地址、端口号、会话名称。

在 putty 主界面中,在"Host Name(or IP address)"框中输入:192.168.1.4,在"Port"框中输入:22,在"Saved Sessions"框中输入:test,如图 9-8 所示。

(5) 保存并打开会话连接。

单击"Save"按钮,然后单击"Open"按钮,如图 9-9 所示。

(6) 输入用户名和密码。

输入 SSH 服务器账户:root,以及 root 账户密码,如图 9-10 所示。注意:这里输入密码是不回显的。按下回车键,登录成功。

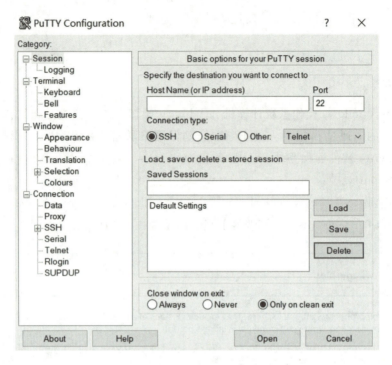

图 9-7 运行 putty

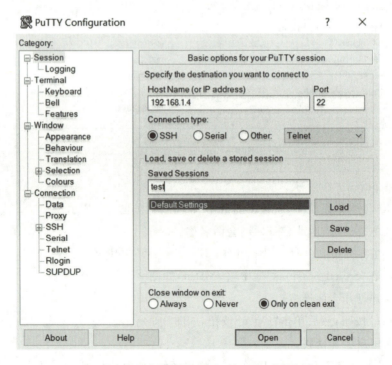

图 9-8 输入主机的 IP 地址、端口号、会话名称

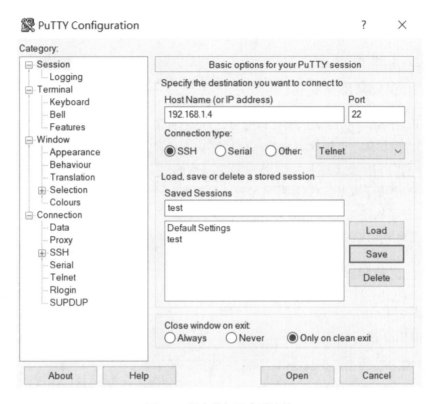

图 9-9 保存并打开会话连接

图 9-10 输入用户名和密码

9.2 任务2 管理与配置FTP服务

9.2.1 FTP概述

FTP(file transfer protocol,文件传输协议)是一种用于在网络上进行文件传输的标准协议。它允许用户从一台计算机向另一台计算机上传或下载文件,支持文件的双向传输。FTP工作于TCP/IP协议的应用层,使用两个并行的TCP连接:一个用于控制信息(命令和响应);另一个用于数据信息(实际传输的文件内容)。

FTP服务器软件允许用户通过网络将计算机连接到服务器上,进行文件的上传、下载、删除、更名等操作。常见的FTP服务器软件有vsftpd、ProFTPD、Pure-FTPd等。

9.2.2 安装和配置FTP

1. 安装FTP

安装FTP,如图9-11所示。

```
#apt-get install vsftpd
```

管理与配置
FTP服务

图 9-11 安装 FTP

2. 配置FTP

(1) 配置FTP文件。

使用vi命令打开"/etc/vsftpd.conf"文件,如图9-12所示。

```
#vi /etc/vsftpd.conf
```

修改内容如下:

```
local_enable=YES
write_enable=YES
chroot_local_user=YES
chroot_list_enable=YES
chroot_list_file=/etc/vsftpd.chroot_list
```

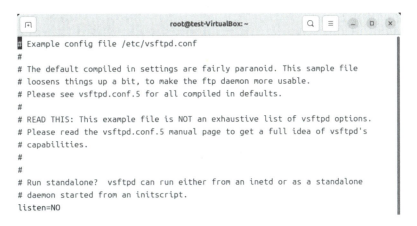

图 9-12　使用 vi 命令打开 FTP 配置文件

（2）创建 FTP 用户。

在 home 下新建一个 FTP 的主目录，然后建一个普通用户 uftp，并设置密码。命令如下：

```
# mkdir /home/uftp
# useradd -d /home/uftp -s /bin/bash uftp
# passwd uftp
```

（3）增加 vsftpd.chroot_list。

使用 vi 命令编辑"/etc/vsftpd.chroot_list"文件，用于存放允许访问 FTP 的用户。命令如下：

```
# vi /etc/vsftpd.chroot_list
```

在"/etc/vsftpd.chroot_list"文件中输入 FTP 的用户名，如图 9-13 所示。

图 9-13　使用 vi 命令编辑 vsftpd.chroot_list 文件

（4）重启 vsftpd 命令如下：

```
# service vsftpd restart
```

9.2.3　访问 FTP 服务器

（1）准备工作。

要确保本 Windows 操作系统计算机和 Ubuntu 操作系统虚拟机是通过桥接的方式连接在局域网中的。通过 ping 对方的 IP 地址，确保网络联通。

(2)访问 FTP 服务器。

在文件管理器地址栏中输入"ftp://192.168.1.4"。其中,192.168.1.4 为 FTP 服务器的 IP 地址。

在登录身份界面中,输入用户名 uftp 和密码,单击"登录"按钮,如图 9-14 所示。

图 9-14 访问 FTP 服务器

在打开的 FTP 服务器目录中,可以看到 Ubuntu 操作系统/home/uftp 目录中的文件,如图 9-15 所示。

图 9-15 打开 FTP 服务器目录

9.3 任务 3 管理与配置 NFS 服务

9.3.1 NFS 概述

NFS(网络文件系统)是一种分布式文件系统协议,允许用户在网络上共享文件就像访问本地存储的文件一样。NFS 由 Sun Microsystems 开发,广泛应用于 Unix 和 Linux 操作系统中,使得不同的机器、不同的操作系统能够通过网络共享文件。

NFS 的工作原理是基于客户端-服务器模式的,其中 NFS 服务器负责维护文件系统的状态,客户端则通过网络向服务器发出文件操作请求。

9.3.2 安装和配置 NFS

1. 安装 NFS

安装 NFS 服务,如图 9-16 所示。

```
#apt-get install nfs-kernel-server nfs-common portmap
```

管理与配置 NFS 服务

图 9-16 安装 NFS 服务

输入"Y",然后按下回车键,等待安装完成。

2. 配置 NFS

(1) 新建共享目录。

新建"/home/share"目录作为 NFS 服务器的共享目录,命令如下:

```
#mkdir /home/share
```

(2) 打开 NFS 配置文件。

使用 vi 命令打开"/etc/exports"文件,命令如下:

```
#vi /etc/exports
```

使用 vi 命令打开 NFS 的配置文件如图 9-17 所示。

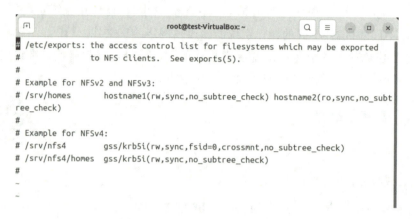

图 9-17　使用 vi 命令打开 NFS 配置文件

(3) 修改 NFS 配置文件。

在 exports 文件中输入下面信息：

/home/share　　　*(rw,sync,insecure,no_root_squash)

修改 NFS 的配置文件如图 9-18 所示。

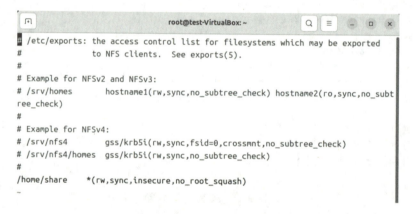

图 9-18　修改 NFS 配置文件

其中，192.168.1.4 为 NFS 服务器地址；rw 表示共享目录可读可写；sync 表示将数据同步写入内存缓冲区与磁盘中，虽然效率低，但可以保证数据的一致性；insecure 表示允许客户端从大于 1024 的 TCP/IP 端口连接服务器；no_root_squash 表示来访的 root 用户保持 root 账号权限。

(4) 生效配置文件，命令如下：

＃source/etc/exports

(5) 打开 NFS 服务，命令如下：

＃/etc/init.d/nfs-kernel-server restart

9.3.3 挂载 NFS 服务器目录

(1) 准备工作。

要确保本 Windows 操作系统计算机和 Ubuntu 操作系统虚拟机是通过桥接的方式连接在局域网中的。通过 ping 对方的 IP 地址，确保网络联通。

(2) 安装 Windows 操作系统的 NFS 客户端服务。

进入 Windows 设置菜单，选择"应用"选项，如图 9-19 所示。

图 9-19　进入 Windows 设置菜单

在"应用和功能"界面的相关设置中，单击"程序和功能"选项，如图 9-20 所示。

图 9-20　"应用和功能"界面

在"程序和功能"界面中,单击"启用或关闭 Windows 功能"选项,如图 9-21 所示。

图 9-21 "程序和功能"界面

在"Windows 功能"界面中,勾选"NFS 服务"选项,单击"确定"按钮,如图 9-22 所示。

图 9-22 "Windows 功能"界面

Windows 操作系统会自动搜索并安装勾选的 NFS 组件,如图 9-23 所示。

(3) 测试 NFS 服务器。

打开 Windows 命令行界面,输入下面命令:

```
>showmount -e 192.168.1.4
```

测试 NFS 服务器如图 9-24 所示。

图 9-23 安装 Windows 操作系统的 NFS 客户端服务

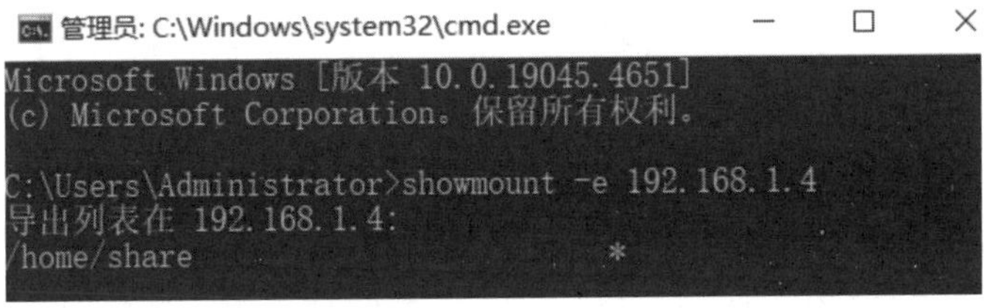

图 9-24 测试 NFS 服务器

其中,192.168.1.4 是 NFS 服务器的 IP 地址。

(4) 挂载 NFS 服务器的共享目录到本地。

打开 Windows 命令行界面,通过 mount 命令将 NFS 服务的共享目录挂载到 X 分区,命令如下：

```
>mount \\192.168.1.4\home\share x:\
```

挂载 NFS 服务器的共享目录到本地,如图 9-25 所示。

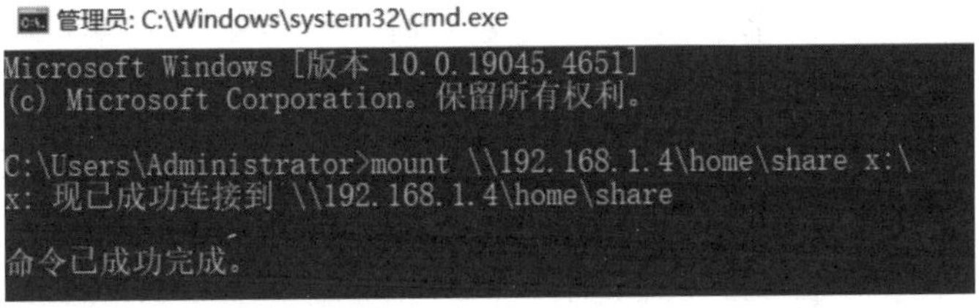

图 9-25 挂载 NFS 服务器的共享目录到本地

打开此计算机,在网络位置中可以看到 X 分区,如图 9-26 所示。

图 9-26 查看挂载 NFS 服务器共享目录的分区

9.4 任务 4 管理与配置 Web 服务

9.4.1 Web 服务概述

1. Web 服务器

Web 服务器是指驻留在互联网上的某种类型计算机上的程序,它负责处理来自 Web 浏览器(客户端)的文件请求。当浏览器连接到服务器并请求文件时,服务器会处理该请求,并将文件及其查看方式(即文件类型)的信息反馈给浏览器。服务器与客户端浏览器之间的信息交流是通过 HTTP(超文本传输协议)进行的,这也是人们常将它们称为 HTTP 服务器的原因。

WWW(万维网)由遍布在互联网中的 Web 服务器和安装了 Web 浏览器的计算机共同组成,它是一个基于超文本方式工作的信息系统。作为一个综合系统,WWW 能够处理文字、图像、声音、视频等多媒体信息,并提供了丰富的信息资源。这些信息资源以 Web 页面的形式分别存放在各个 Web 服务器上,用户可以通过浏览器选择并浏览所需的信息。

具体来说,Web 服务器是可以响应浏览器请求并提供文档的程序。在 Internet 上,服务器也称为 Web 服务器,是一台具有独立 IP 地址的计算机,能够向 Internet 上的客户机提供 WWW、E-mail、FTP 等各种 Internet 服务。只有当接收到来自其他计算机上运行的浏览器发出的请求时,服务器才会做出响应。目前,最常用的 Web 服务器包括 Apache 和 Microsoft 的 Internet 信息服务器(IIS)。

2. Web 服务器工作过程

(1) Web 服务器的工作流程如图 9-27 所示。

用户首先通过 Web 浏览器向 Web 服务器发起一个资源请求。当 Web 服务器接收到这个请求后,它会负责替用户查找所请求的资源。找到资源后,Web 服务器会将其返回给

图 9-27 Web 服务器的工作流程图

Web 浏览器，以供用户查看或使用。

（2）Web 客户端的工作流程如图 9-28 所示。

当用户单击超链接或在浏览器地址栏中输入网址后，浏览器会将这个信息转换成标准的 HTTP 请求，并发送给 Web 服务器。Web 服务器接收到这个 HTTP 请求后，会根据请求的内容查找所需的信息资源。找到相应的资源后，Web 服务器会将这部分资源通过标准的 HTTP 响应发送回浏览器。最后，浏览器接收到响应后，会将 HTML 文档显示出来。

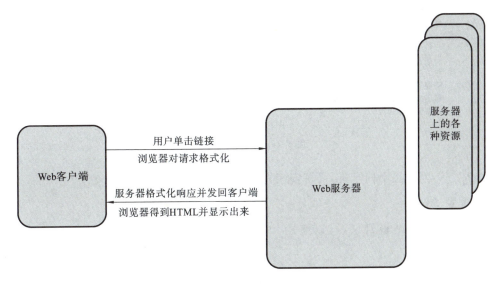

图 9-28　Web 客户端的工作流程图

3. Apache 简介

Apache 是得到广泛使用的 Web 服务器之一，它拥有多个操作系统平台版本，几乎可以在所有广泛使用的计算机系统平台上运行，并且以高效、稳定、安全和免费而著称。Tomcat 是针对 Apache 服务器开发的 JSP 应用服务器，它实现了 Java Servlet 和 Java Server Pages（JSP）技术的标准，并且是基于 Apache 许可证下开发的自由软件。你可以从网站 http://jakarta.apache.org/tomcat/index.html 下载不同版本的 Apache Tomcat。

总之，当在一台机器上配置好 Apache 服务器后，你可以利用它来响应对 HTML 页面的访问请求。

9.4.2　安装与配置 Apache

1. 安装 Apache

在命令行终端中输入命令：

```
# apt-get install apache2
```

安装 Apache 的过程如图 9-29 所示。

图 9-29　安装 Apache

输入"Y",然后按下回车键,等待安装完成。

2. 配置 Apache

如果要修改网站根目录,可以使用 vi 命令打开"/etc/apache2/apache2.conf"配置文件。命令如下:

＃vi etc/apache2/sites-available/000-default.conf

打开 000-default.conf 配置文件如图 9-30 所示。

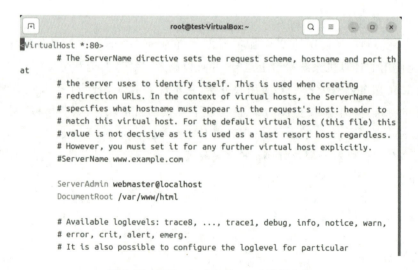

图 9-30　打开 000-default.conf 配置文件

找到文件中"DocumentRoot"的位置,然后更改"/var/www/html"为需要的根目录就可以了。

重启 Apache 服务,使配置文件生效,在命令行终端中输入命令:

#/etc/init.d/apache2 restart

9.4.3 访问 Web 站点

Apache 默认的网站根目录的路径是"/var/www/html",在网站根目录中新建一个"index.html"文件,命令如下:

#vi /var/www/html/index.html

输入下面代码:

```
<!DOCTYPE html>
<html lang="en">
<head>
    <meta charset="UTF-8">
    <meta http-equiv="X-UA-Compatible" content="IE=edge">
    <meta name="viewport" content="width=device-width, initial-scale=1.0">
    <title>Welcome to Apache</title>
</head>
<body>
    <h1>Welcome to Apache Web Server</h1>
    <p>This is a sample HTML page served by Apache.</p>
</body>
</html>
```

在浏览器中输入"192.168.1.4",按下回车键,就可以打开该页面,如图 9-31 所示。

Welcome to Apache Web Server

This is a sample HTML page served by Apache.

图 9-31 访问 Web 站点

第三部分
Linux应用程序开发

项目十 Shell 程序设计

本项目将介绍 Linux 操作系统中的 Shell 程序设计，涵盖 Shell 脚本的建立与运行、Shell 变量的使用、Shell 表达式的应用以及 Shell 控制结构的掌握。通过本项目的学习，学生能够熟练掌握 Shell 程序设计的基本语法和常用技巧，能够编写简单的 Shell 脚本程序，为日后的系统管理和自动化任务处理打下坚实基础。

● 【学习目标】

1. 知识目标
- 掌握 Shell 脚本、变量、表达式和控制结构等概念及其在 Shell 程序设计中的作用。
- 熟悉 Shell 脚本的编写规范，掌握 Shell 脚本的建立、编辑、执行和调试方法。
- 了解环境变量、用户自定义变量、位置参数和特殊变量的使用方法，掌握变量赋值、引用和修改的技巧。

2. 技能目标
- 熟练使用 vi 编写 Shell 脚本，掌握 Shell 脚本的执行方法和调试技巧。
- 能够在 Shell 脚本中灵活使用各种变量，进行数据处理和脚本逻辑控制。
- 掌握 Shell 表达式的使用方法，能够进行复杂的条件判断和数值计算操作。

3. 思政目标
- 培养学生的逻辑思维能力和问题解决能力，提高分析和解决复杂问题的能力。
- 鼓励学生自主学习 Shell 程序设计的进阶知识，培养创新意识和实践能力。

10.1 任务1 建立与运行 Shell 脚本

10.1.1 Shell 脚本的概述

Shell 本身是一个用 C 语言编写的程序，它作为用户使用 UNIX/Linux 操作系统的桥梁，承担着用户大部分工作的执行。Shell 既是一种命令语言，允许交互式地解释和执行用户输入的命令，同时也是一种程序设计语言，定义了各种变量和参数，并提供了包括循环和分支在内的许多高级语言才具有的控制结构。

尽管 Shell 不是 UNIX/Linux 操作系统内核的一部分，但它调用了系统核心的大部分功能来执行程序、建立文件，并以并行的方式协调各个程序的运行。因此，对于用户而言，Shell 是最重要的实用程序。深入了解和熟练掌握 Shell 的特性及其使用方法，是用好 UNIX/Linux 操作系统的关键。

可以说，用户对 Shell 的熟练程度直接体现了用户使用 UNIX/Linux 操作系统的熟练程度。Shell 提供了两种执行命令的方式：一种是交互式（interactive）方式，即用户输入一条命令，Shell 就立即解释并执行该命令；另一种是批处理（batch）方式，用户可以先编写一个包含多条命令的 Shell 脚本（script），然后让 Shell 一次性执行完这些命令，无需逐条手动输入。

Shell 脚本与编程语言有很多相似之处，也包含变量和流程控制语句。不过，Shell 脚本是解释执行的，无需进行编译。Shell 程序会逐行读取脚本中的命令并执行，这相当于用户将脚本中的命令逐条手动输入 Shell 提示符下执行。

10.1.2 Shell 脚本的建立

要创建一个 Shell 脚本，首先需要打开文本编辑器并新建一个文件，其扩展名通常为 .sh（代表 Shell），但实际上扩展名并不影响脚本的执行，只要文件名能够清楚地表明其用途即可。如果你使用 PHP 来编写 Shell 脚本，那么扩展名就可以使用 .php。接下来，在文件中输入以下代码：

```
#!/bin/bash
echo "Hello World !"
```

其中，"#!"是一个约定的标记，它告诉系统这个脚本需要使用哪种解释器来执行，即指定使用哪一种 Shell。echo 命令则用于向窗口输出文本内容。

10.1.3 Shell 脚本的运行

运行 Shell 脚本有两种方法，即作为可执行程序和作为解释器参数。

1. 作为可执行程序

一个文件能否运行取决于该文件的内容本身是否可执行且该文件是否具有执行权。对于 Shell 程序，当用编辑器生成一个文件时，系统赋予的许可权都是 644(rw-r--r--)，使用 chmod 命令设置文件可执行权限之后，当用户需要运行这个文件时，只需要直接输入文件名即可。

将上面的代码保存为 test.sh，并 cd 到相应目录。要使脚本具有执行权，使用下面命令：

```
# chmod +x test.sh
```

执行脚本，使用下面命令：

```
# ./test.sh
```

作为可执行程序执行 Shell 脚本如图 10-1 所示。

图 10-1　作为可执行程序执行 Shell 脚本

2．作为解释器参数

这种运行方式是，直接运行解释器，其参数就是 Shell 脚本的文件名，例如：

#/bin/sh test.sh

作为解释器参数执行 Shell 脚本如图 10-2 所示。

图 10-2　作为解释器参数执行 Shell 脚本

这种方式运行的脚本，不需要在第一行指定解释器信息。

10.2　任务 2　熟悉 Shell 变量

10.2.1　变量的定义和使用

1．变量的命名

Shell 编程中，使用变量无须事先声明，同时变量名的命名须遵循如下规则：

(1) 首个字符必须为字母(a~z,A~Z)；

(2) 中间不能有空格，可以使用下划线(_)；

(3) 不能使用标点符号；

(4) 不能使用 bash 里的关键字(可用 help 命令查看保留关键字)。

2．变量的赋值

需要给变量赋值时，格式如下：

变量名＝值

注意：给变量赋值时，不能在"＝"两边留空

3．变量值的读取

要取用一个变量的值，只需在变量名前面加一个 $。例如，$PATH 表示环境变量 PATH 的值。

4．变量的简单例子

此处列举一小段变量使用的程序，代码如下：

```
#！/bin/sh
#对变量赋值：
a="hello world"  #注意等号两边均不能有空格存在
#打印变量a的值：
echo "A is:" $a
```

可以使用 vi 编辑器，输入上述内容，并保存为文件 first，然后执行下面的命令，使其可执行。

```
# chmod ＋x first
```

最后运行该脚本，命令如下：

```
# ./first
```

变量的简单例子如图 10-3 所示。

图 10-3　变量的简单例子

10.2.2　环境变量

1. Linux 常用的环境变量

环境变量也称系统变量，当一个 Shell 脚本开始执行时，一些变量会根据环境设置中的值进行初始化。它与用户变量的差别在于，可以将其值传给 Shell 运行的其他命令或脚本使用。常见的环境变量如表 10-1 所示。

表 10-1　常见的环境变量

环 境 变 量	说　　明
$ HOME	保存用户起始目录的路径名
$ PATH	保存路径名列表，给出命令文件的位置
$ MAILCHECK	确定每隔多少秒检查是否有新的邮件
$ PS1	保存用作 Shell 提示符的字符串
$ PS2	保存用作 Shell 第二提示符的字符串
$ MANPATH	保存 man 命令的搜索路径
$ USER	当前用户的名字
$ #	传递给脚本的参数的个数

2. 环境变量的定义

用 export 命令可以将一个用户变量 var 设为环境变量。例如，定义一个用户变量 var，然后使用 export 命令将其设为环境变量。

♯var="Hello,World!"
♯export var

也可以在给变量赋值的同时使用 export 命令。例如：

♯export var="Hello, World!"

3．查看环境变量

可以使用 echo 命令来打印环境变量的值，如图 10-4 所示。

♯echo $var

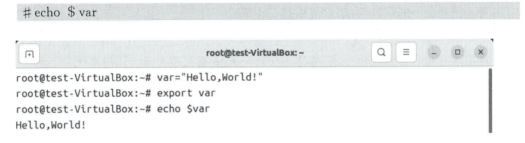

图 10-4　echo 命令打印环境变量的值

10.2.3　特殊变量

某些变量在一开始执行脚本时就设定且不再改变，称为只读环境变量或特殊变量。例如，如果脚本程序在调用时带有参数，则会创建一些额外的变量。即使没有传递任何参数，环境变量也依然存在，只不过它的值是 0 罢了。Shell 定义了几种与选项分析相关的特殊变量，除此之外，许多变量提供了脚本所执行命令的状态。常见的特殊变量如表 10-2 所示。

表 10-2　常见的特殊变量

特 殊 变 量	说　　明
$0	保存 Shell 的执行名字
$n	保存传送给当前 Shell 的第 n 个命令参数的值，n=1～9
$*	保存传送给当前 Shell 的所有命令参数的值
$#	保存传送给当前 Shell 的命令参数的数目
$$	保存当前 Shell 的 PID
$?	保存 Shell 最后所执行的命令的退出状态

10.3　任务 3　熟悉 Shell 表达式

Linux 的 Shell 中存在一组测试命令，该组命令用于测试某种条件或某几种条件是否真实

存在。测试命令是判断语句和循环语句中条件的测试工具,所以对于编写 Shell 非常重要。

在实际工作中,大多数脚本程序都会广泛使用 Shell 的布尔判断命令"["或"test"。在大多数系统上,这两个命令的作用差不多,只是为了增强可读性,当使用"["命令时,我们还使用符号"]"来结尾。

"test"命令格式如下:

test expression

其中,expression 是一个表达式,该表达式可为数字、字符串、文本和文件属性的比较,还可同时加入各种算术、字符串、文本等运算符。

为了提高命令的可读性,经常使用第二种格式:

[expression]

其中,"["是启动测试命令,但要求在 expression 后要有一个"]"与其配对。使用该命令要特别注意"["后和"]"前的空格必不可少。

"test"命令可以用来检验几种不同类型的表达式,常见的有下面三种:

(1) 检验文件的特征。

常用的命令开关如表 10-3 所示。

表 10-3 常用的命令开关

命 令 开 关	说　　　明
-e file	如果 file 文件存在,则返回真值
-f file	如果 file 文件是普通文件,则返回真值
-d file	如果 file 文件是目录,则返回真值
-r file	如果用户能读 file 文件,则返回真值
-w file	如果用户能写 file 文件,则返回真值
-x file	如果用户能执行 file 文件,则返回真值

(2) 比较字符串。

字符串表达式中有一个或两个参数,它们可以是普通的字符串,也可以是 Shell 变量的值。常用的字符串表达式如表 10-4 所示。

表 10-4 常用的字符串表达式

字符串表达式	说　　　明
-z str	如果字符串 str 的长度为 0,则返回真值
-n str	如果字符串 str 的长度不为 0,则返回真值
str1＝str2	如果字符串 str1 和 str2 相同,则返回真值
str1！＝str2	如果字符串 str1 和 str2 不同,则返回真值

(3) 比较数值。

利用数值表达式,可以将字符串或变量的内容作为数值来处理。常用的数值表达式如表 10-5 所示。

表 10-5 常用的数值表达式

数值表达式	说 明
num1-eq num2	如果 num1 等于 num2,则返回真值
num1-ne num2	如果 num1 不等于 num2,则返回真值
num1-lt num2	如果 num1 小于 num2,则返回真值
num1-gt num2	如果 num1 大于 num2,则返回真值
num1 -le num2	如果 num1 小于或等于 num2,则返回真值
num1 -ge num2	如果 num1 大于或等于 num2,则返回真值

下面以一个最简单的条件为例来介绍 test 命令的用法,来检查一个文件是否存在。以上表格中已介绍,所以在脚本程序里可以写出如下所示的代码:

```
if test -f onefile.c
then
...
if
```

还可以写成如下代码:

```
if [ -f onefile.c ]
then
...
fi
```

10.4 任务 4 熟悉 Shell 控制结构

10.4.1 条件语句

熟悉 Shell 控制结构

Shell 条件语句的结果非常简单,它对某个条件进行测试,然后根据判断结果有条件地执行一组语句。格式如下:

```
if condition1 then
then-commands
else
else-commands
fi
```

if 语句的一个通常用法是提一个问题,然后根据回答做出决定,如下所示:

```
#！/bin/sh
echo"Is it morning? Please answer yes or no"
read timeofday
if [ $ timeofday=="yes" ]；then
echo "Good morning"
else
echo "Good afternoon"
fi
exit 0
```

将代码保存,文件命名为 question。运行该文件来简单测试该 Shell 脚本,在键盘上输入"yes",会得到如图 10-5 所示的运行结果。

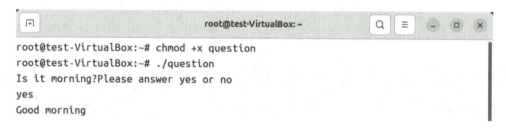

图 10-5　简单测试 Shell 脚本

这个脚本程序用"["命令对变量 timeofday 的内容进行测试,测试结果由 if 命令判断,由它来决定执行哪部分的代码。

不幸的是,上述非常简单的脚本程序存在几个问题。它会把所有不是 yes 的回答都看作是 no。可以通过使用 elif 结构来避免出现这样的情况,它允许在 if 结构的 else 部分被执行时增加第二个测试条件。格式如下:

```
if condition1 then
then-commands
elif condition2 then
then-commands2
else
else-commands
fi
```

执行条件命令 condition1,如果它的返回值为真,则执行 then-commands 命令,否则执行下面的 elif 的 condition2 条件。执行完条件语句,再执行 fi 后面的命令。

10.4.2 分支语句

case 表达式可以用来匹配一个给定的字符串,而不是常量(不要与 C 语言里的 switch... case 混淆)。格式如下:

```
case variable in
pattern [| pattern]...) statements;;
pattern [| pattern]...) statements;;
...
esac
```

因为 case 结构具备匹配多个模式然后执行多条相关语句的能力,这使得它非常适合用于字符串的匹配,这里使用一个例子来介绍它。在这个程序之前,我们先简略介绍一下 file 命令。

file 命令可以辨别出一个给定文件的文件类型,假设当前目录下存在一个 tmp.tar.gz 文件,运行如下命令:

```
# file ana.zip
```

file 命令辨别文件类型如图 10-6 所示。

图 10-6 file 命令辨别文件类型

我们利用这点写了一个名为 smartzip 的脚本,该脚本可以自动解压 bzip2、gzip 和 zip 类型的压缩文件。代码如下:

```
#!/bin/sh
ftype=$(file $1)
case $ftype in
*"Zip"*)
unzip $1;;
*"gzip"*)
gunzip $1;;
*"bzip2"*)
bunzip2 $1;;
*)
echo"File $1 can not be uncompressed with smartzip";;
esac
```

运行命令如下:

```
#chmod +x smartzip
#./smartzip ana.zip
```

运行 smartzip 脚本如图 10-7 所示。

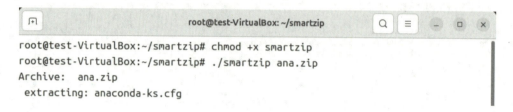

图 10-7　运行 smartzip 脚本

你可能注意到上面使用了一个特殊变量 $1,该变量包含有传递给该脚本的第一个参数值。也就是说,$1 就是字符串 ana.zip。

10.4.3　循环语句

在 Shell 中,可以使用 while 语句、for 语句和 until 语句来进行循环。

1. while 语句

格式如下:

```
while condition do
statement
done
```

只要测试表达式条件为真,while 循环将一直运行。关键字 break 可以用来跳出循环,而关键字 continue 则可以跳过一个循环的余下部分,直接跳到下一个循环中。

下面是一个非常简单的密码检查程序 password。代码如下:

```
#!/bin/sh
echo "enter password"
read trythis
while [ $trythis ! = "secret" ]; do
echo "sorry,try again"
read trythis
done
echo "success!"
exit 0
```

运行如下：

```
#chmod +x password
#./password
```

while 循环实现简单的密码检查程序如图 10-8 所示。

图 10-8 while 循环实现简单的密码检查程序

当然，这不是一种询问密码的安全方法，但它的确表达出了 while 语句的作用。do 和 done 之间的语句将反复执行，直到条件不为真为止。在这个例子中，检查的条件是变量 trythis 的值是否等于 secret。循环一直执行到 $trythis 等于 secret 为止。

2. for 语句

for 循环会查看一个字符串列表（字符串用空格分隔），并将其赋给一个变量。格式如下：

```
for var in values do
  statements
done
```

下面的简单示例是将 A、B、C 分别打印到屏幕上。代码如下：

```
#! /bin/sh
for var in A B C; do
echo "var is $var"
done
```

命令运行如下：

```
#chmod +x var
#./var
```

for 循环简单示例如图 10-9 所示。

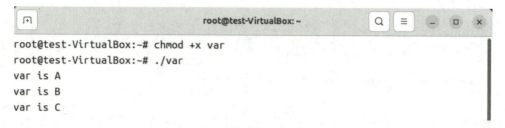

图 10-9　for 循环简单示例

3. until 语句

until 语句的格式如下：

```
until condition
do
    statements
done
```

它与 while 循环很相似，只是把条件测试反过来了。换句话说，循环将反复执行直到条件为真为止，而不是在条件为真的时候反复执行。

项目十一 GCC 的 C 程序设计

本项目将介绍使用 GCC 进行 C 程序设计的相关知识和实践技能。通过本项目的学习,学生能了解 GCC 编译器的使用方法,掌握多线程 C 程序设计、文件操作 C 程序设计以及网络通信 C 程序设计的基本概念和编程技巧。通过一系列实践任务,提升 C 语言编程能力,为日后的软件开发和系统编程打下坚实基础。

● 【学习目标】

1. 知识目标

● 掌握 GCC 编译器的安装、配置和使用方法,了解 GCC 的编译流程和常用编译选项。

● 理解多线程编程的基本概念,掌握 POSIX 线程库的使用,能够编写简单的多线程 C 程序。

● 了解文件操作的基本概念,掌握 C 语言中文件操作的常用函数和技巧。

● 理解网络通信的基本原理,掌握 Socket 编程的基本方法和技巧。

2. 技能目标

● 能够使用 GCC 编译器编译 C 程序,掌握编译过程中的错误和警告处理技巧。

● 能够使用 POSIX 线程库编写多线程 C 程序,实现线程的创建、同步和互斥。

● 能够使用 C 语言中的文件操作函数进行文件的打开、读写、关闭等操作。

● 能够使用 Socket 编程实现基本的网络通信功能,如 TCP 和 UDP 通信。

3. 思政目标

● 通过 C 程序设计的学习和实践,培养学生的严谨科学态度和逻辑思维能力。

● 培养创新意识和实践能力,能够独立完成具有创新性的 C 程序项目。

 ## 11.1 任务1 了解 GCC

11.1.1 GCC 简介

1. GCC 的基本概念

GCC(GNU compiler collection)是一套功能强大的编程语言编译器,由自由软件基金会 FSF(Free Software Foundation)作为 GNU 项目的一部分开发和维护。GCC 最初被创建为一个 C 语言编译器,但随着时间的推移,它迅速扩展并支持了 C++、Fortran、Objective-C、Ada、Java、Go 等多种编程语言,以及各类处理器架构上的汇编语言。因此,GCC 不再仅仅是一个 C 语言编译器,而是演变成了一个全面的编译器套件(GNU compiler collection)。

GCC 的主要功能是将源代码(如 C 或 C++代码)编译成机器代码,生成可执行文件或库文件。它支持多种优化选项和调试选项,允许开发人员根据需要调整编译过程,以生成高效、可调试的代码。GCC 严格遵循各种编程语言的标准,如 ISO C++和 ISO C 标准,并且不断更新以支持最新的语言特性。

2. GCC 的发展过程

GCC 项目始于 1987 年,由理查德·马修·斯托曼(Richard Matthew Stallman)发起,最初目标是为 GNU 操作系统开发免费的编译器。第一个 GCC 版本只能处理 C 语言,但很快就扩展到了 C++,并逐渐支持更多编程语言和平台。GCC 的发展过程如表 11-1 所示。

表 11-1 GCC 的发展过程

年 份	版 本	说 明
1989 年	GCC 1.0	支持 C 语言编译
1992 年	GCC 2.0	开始支持更多平台,同时增加了对 C++语言的支持
1997 年	GCC 2.95	开始支持 IA-64 架构,并融合了 EGCS 项目的代码,增强了 GCC 的稳定性和功能
2000 年	GCC 3.0	开始支持 x86-64 架构
2004 年	GCC 4.0	引入模拟汇编和图形后端,开始支持 C99 标准
2011 年	GCC 4.6	开始支持 OpenMP 并行编译
2014 年	GCC 4.9	开始支持大部分 C++11 标准特性
2016 年	GCC 6.1	开始支持 C++14 标准,以及 C11 标准
2018 年	GCC 8.1	开始支持 C++17 标准特性
2020 年	GCC 10	开始支持 C++20 标准特性

3. GCC 的应用领域

GCC 广泛应用于各种软件开发和系统编程领域,特别是在开源项目和 Linux 操作系统开发中。它是许多 Linux 发行版默认的编译器,用于编译 Linux 内核、GNU 操作系统和其他大量的应用程序。GCC 的跨平台特性使得开发者能够在不同的操作系统和硬件架构上编译和运行相同的代码,从而促进了软件的可移植性和重用性。

GCC 的主要应用领域包括以下几方面。

(1) Linux 内核及 GNU 系统开发:GCC 是 Linux 内核和 GNU 系统核心组件的主要编译器。

(2) 开源软件开发:GCC 支持大量的开源项目,是许多开源软件的首选编译器。

(3) 嵌入式系统开发:GCC 支持多种嵌入式处理器架构,广泛应用于嵌入式系统开发中。

(4) 跨平台应用开发:GCC 的跨平台特性使得开发者能够编写一次代码,在不同平台上编译和运行。

11.1.2　Makefile 文件

1. Makefile 文件的基本概念

Makefile 是一个特殊的文本文件,它包含了用于编译和构建程序的一系列规则。在 UNIX 和 Linux 操作系统中,make 工具使用 Makefile 中的指令来自动化编译和构建程序。Makefile 定义了项目的编译链接规则,指定了哪些文件需要先编译,哪些文件需要后编译,以及如何链接生成最终的可执行文件或库文件。

Makefile 文件描述了整个工程的编译、链接等规则。其中包括:工程中的哪些源文件需要编译以及如何编译、需要创建哪些库文件以及如何创建这些库文件、如何最后产生我们想要的可执行文件。尽管看起来可能是很复杂的事情,但是为工程编写 Makefile 的好处是能够使用一行命令来完成"自动化编译",一旦提供一个(通常对于一个工程来说会是多个)正确的 Makefile,编译整个工程中你所要做的事就是在 shell 提示符下输入 make 命令。整个工程完全自动编译,极大提高了效率。

使用 Makefile 文件的好处如下。

(1) 自动化编译:只需输入一个简单的 make 命令,就可以自动编译整个项目。

(2) 提高效率:make 工具会检查文件的修改时间,只重新编译那些自上次编译以来被修改过的文件。

(3) 简化编译过程:Makefile 中定义了编译规则,使得编译过程更加清晰和易于管理。

2. Makefile 文件的格式

Makefile 文件由一系列的"规则"组成,每个规则定义了如何生成一个或多个目标文件(通常是可执行文件或库文件)。规则的格式如下:

```
目标文件：依赖文件
    命令
```

目标文件:要生成的文件,通常是可执行文件或.o 对象文件。

依赖文件:生成目标文件所依赖的文件,如果依赖的文件比目标文件新,那么目标文件会被重新生成。

命令:生成目标文件所需执行的 shell 命令,通常是编译或链接命令。

3. Makefile 文件的简单例子

使用 vi 编写简单的 Makefile 文件,命令如下:

```
# vi Makefile
```

编写下面内容:

```
CC=gcc
CFLAGS=-o
TARGET=hello
$(TARGET):
    $(CC) $(TARGET).c $(CFLAGS) $(TARGET)
clean:
    rm -rf *.o $(TARGET)
```

保存 Makefile 文件,编译程序命令如下:

```
#make
```

如果要清除编译出来的程序,命令如下:

```
#make clean
```

11.1.3 简单的 C 程序编程

了解 GCC

上面介绍了一个 Makefile 文件的简单例子,在 Makefile 文件出现了 hello.c,但是实际上并没有编写 hello.c 文件。下面来完成一个简单的 C 语言程序 hello,首先是创建源代码文件 hello.c,命令如下:

```
#vi hello.c
```

hello.c 代码如下:

```
#include <stdio.h>
int main(void)
{
    printf("Hello World! \n");
    return 0;
}
```

保存 hello.c 文件,编译命令如下:

```
#make
```

编译简单的 C 程序如图 11-1 所示。

```
root@test-VirtualBox:~/hello# make
gcc hello.c -o hello
```

图 11-1 编译简单的 C 程序

运行命令如下:

\# ./hello

运行简单的 C 程序如图 11-2 所示。

图 11-2　运行简单的 C 程序

11.1.4　多个文件的 C 程序编程

在 C 语言项目中,特别是当项目规模较大,包含多个 C 语言源文件时,手动编译每个文件将变得非常烦琐且容易出错。Makefile 文件提供了一种机制,允许开发者定义一系列的编译规则,进行自动化编译。通过 Makefile,可以一次性编译链接多个 C 文件,生成可执行文件或库文件,极大地提高了开发效率。

下面用一个例子来学习多个文件的 C 程序编程,我们将创建一个简单的算术计算程序,该程序由多个 C 文件组成,并使用 Makefile 来编译和链接这些文件。

首先,定义以下三个 C 文件。

main.c:包含 main 函数,是程序的入口点。

add.c:包含一个实现加法运算的函数。

subtract.c:包含一个实现减法运算的函数。

接下来是这些文件的代码。

main.c:

```c
#include <stdio.h>
#include "add.h"
#include "subtract.h"
int main()
{
    int a=10, b=5;
    printf("Addition: %d + %d=%d\n", a, b, add(a, b));
    printf("Subtraction: %d - %d=%d\n", a, b, subtract(a, b));
    return 0;
}
```

add.c:

```
#include "add.h"
int add(int x, int y)
{
    return x + y;
}
```

subtract.c：

```
#include "subtract.h"
int subtract(int x, int y)
{
    return x - y;
}
```

我们还需要为 add.c 和 subtract.c 中的函数声明创建头文件。

add.h：

```
int add(int x, int y);
```

subtract.h：

```
int subtract(int x, int y);
```

现在，可以编写 Makefile 来编译和链接这些文件。

Makefile：

```
# 定义编译器
CC=gcc
# 定义编译选项
CFLAGS=-I.
# 目标：可执行文件 arithmetic
arithmetic: main.o add.o subtract.o
    $(CC) -o arithmetic main.o add.o subtract.o
# 依赖：main.o
main.o: main.c
    $(CC) -c -o main.o main.c $(CFLAGS)
# 依赖：add.o
add.o: add.c
    $(CC) -c -o add.o add.c $(CFLAGS)
# 依赖：subtract.o
subtract.o: subtract.c
    $(CC) -c -o subtract.o subtract.c $(CFLAGS)
```

```
# 清理编译生成的文件
clean:
rm -f *.o arithmetic
```

编译命令如下:

```
# make
```

编译多个文件的 C 程序如图 11-3 所示。

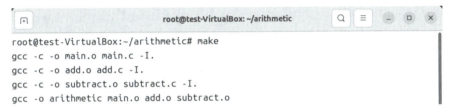

图 11-3　编译多个文件的 C 程序

运行命令如下:

```
# ./arithmetic
```

运行多个文件的 C 程序如图 11-4 所示。

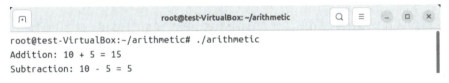

图 11-4　运行多个文件的 C 程序

11.2　任务 2　多线程 C 程序设计

11.2.1　线程的基本概念

在 Linux 操作系统中,线程是操作系统能够进行运算调度的最小单位,它被包含在进程之中,是进程中的实际运作单位。一个进程可以包含多个线程,这些线程共享进程的资源(如内存空间、文件描述符等),但拥有各自独立的执行路径。线程之间的切换比进程之间的切换代价要小得多,因此多线程程序在执行效率上通常优于多进程程序。

11.2.2　线程的创建

1. pthread_create 函数

pthread_create 函数是类 UNIX 操作系统(UNIX、Linux、Mac OS X 等)创建线程的函

数。它的功能是创建线程(实际上就是确定调用该线程函数的入口点),在线程创建以后,就开始运行相关的线程函数。

(1) 头文件。

#include<pthread.h>

(2) 函数声明。

int pthread_create(pthread_t * tidp,const pthread_attr_t * attr, void * (* start_rtn)(void *),void * arg);

参数:

tidp:指向线程标识符的指针。

attr:用来设置线程属性。

start_rtn:线程运行函数的起始地址。

arg:运行函数的参数。

(3) Makefile 文件的编译链接参数。

-lpthread

例如:

gcc -o test test.c -lpthread

(4) 返回值。

若线程创建成功,则返回 0。若线程创建失败,则返回出错编号。

返回成功时,由 tidp 指向的内存单元被设置为新创建线程的线程 ID。attr 参数用于指定各种不同的线程属性。新创建的线程从 start_rtn 函数的地址开始运行,该函数只有一个万能指针参数 arg,如果需要向 start_rtn 函数传递的参数不止一个,则需要把这些参数放到一个结构中,然后把这个结构的地址作为 arg 的参数传入。

在 Linux 中,可以用 C 语言开发多线程程序,其多线程开发遵循 POSIX 线程接口,也称为 pthread。

2. pthread_join 函数

pthread_join 函数的主要功能是阻塞调用线程,直到指定的线程结束执行。当被等待的线程结束时,调用线程会继续执行,并且可以通过 pthread_join 函数获取被等待线程的返回值。

(1) 头文件。

#include <pthread.h>

(2) 函数声明。

int pthread_join(pthread_t thread, void * * retval);

参数:

thread:目标线程的标识符,即线程 ID。

retval：一个指向 void 指针的指针，用于接收线程的返回值。如果不需要接收线程的返回值，则可以设置为 NULL。

(3) 返回值。

pthread_join 函数的返回值是一个整数，表示函数的执行结果。

0：成功，表示成功等待了目标线程的终止。

非 0 值：失败，表示等待目标线程终止时发生了错误，具体的错误码可以在＜pthread.h＞头文件中找到对应的宏定义。例如，ESRCH 表示没有找到与给定的线程标识符匹配的线程。

3. 线程创建的例子

下面用 pthread_create 函数来实现一个线程创建的例子。使用 vi 创建 thread_create.c 文件，命令如下：

多线程
C 程序设计

```
# vi thread_create.c
```

thread_create.c 代码如下：

```
#include <stdio.h>
#include <stdlib.h>
#include <pthread.h>
void * print_message_function(void * ptr);
int main()
{
    pthread_t thread1, thread2;
    const char * message1="Thread 1";
    const char * message2="Thread 2";
    int iret1, iret2;
    // 创建线程
    iret1 = pthread_create(&thread1, NULL, print_message_function, (void *) message1);
    iret2 = pthread_create(&thread2, NULL, print_message_function, (void *) message2);
    // 等待线程结束
    pthread_join(thread1, NULL);
    pthread_join(thread2, NULL);
    printf("Thread 1 returns: %d\n", iret1);
    printf("Thread 2 returns: %d\n", iret2);
    exit(0);
}
```

```
void * print_message_function(void * ptr)
{
    char * message;
    message=(char * ) ptr;
    printf("%s \n", message);}
```

程序代码解析：

这段代码是一个使用POSIX线程(pthread)库的多线程程序示例。程序定义了一个线程函数print_message_function,该函数接收一个void指针作为参数,将其转换为char指针,并打印指向的字符串。在main函数中,创建了两个线程,分别传入不同的字符串消息"Thread 1"和"Thread 2",然后等待这两个线程结束。线程创建函数pthread_create的返回值(表示线程创建是否成功)保存在iret1和iret2变量中,并在所有线程执行完毕后打印出来。最后,程序正常退出。

使用vi创建Makefile文件,命令如下：

♯ vi Makefile

Makefile文件内容如下：

```
CC=gcc
CFLAGS=-o
TARGET=thread_create
$(TARGET):
    $(CC) $(TARGET).c $(CFLAGS) $(TARGET) -lpthread
clean:
    rm -rf *.o $(TARGET)
```

编译命令如下：

♯ make

编译线程创建程序如图11-5所示。

```
root@test-VirtualBox:~/thread_create# make
gcc thread_create.c -o thread_create -lpthread
```

图11-5　编译线程创建程序

运行命令如下：

♯ ./thread_create

运行线程创建程序如图11-6所示。

图 11-6　运行线程创建程序

11.2.3　线程的互斥

线程互斥是指多个线程在访问共享资源时,同一时刻最多只能有一个线程访问该资源,以防止数据损坏或不一致的情况发生。互斥的目的是保护共享资源,确保在同一时间内只有一个线程能够修改资源。当多个线程尝试访问同一资源时,它们需要通过某种机制(如互斥锁)来竞争访问权,只有获得访问权的线程才能进入临界区对资源进行访问,而其他线程则必须等待。

互斥锁的使用涉及 pthread_mutex_init 函数、pthread_mutex_lock 函数、pthread_mutex_unlock 函数、pthread_mutex_destroy 函数,下面介绍一下这四个函数。

1. pthread_mutex_init 函数

pthread_mutex_init 函数是用于初始化互斥锁(mutex)的函数。互斥锁是一种同步机制,用于保护共享资源,防止多个线程同时访问同一资源而导致的数据不一致或竞态条件。

(1) 头文件。

＃include ＜pthread.h＞

(2) 函数声明。

int pthread_mutex_init(pthread_mutex_t ＊mutex, const pthread_mutexattr_t ＊attr);

参数:

mutex:指向要初始化的互斥锁的指针。

attr:指向互斥锁属性的指针,用于设置互斥锁的属性。如果传递 NULL,则使用默认属性。

(3) 返回值。

pthread_mutex_init 函数成功完成之后会返回零,其他任何返回值都表示出现了错误。函数成功执行后,互斥锁被初始化为未锁状态。

0:成功,表示互斥锁已成功初始化。

非 0 值:失败,表示初始化互斥锁时发生了错误,具体的错误码可以在＜pthread.h＞头文件中找到对应的宏定义。例如,EINVAL 表示传递给函数的参数无效。

2. pthread_mutex_lock 函数

pthread_mutex_lock 函数是 POSIX 线程库中用于锁定互斥锁的函数。其主要作用是尝试锁定指定的互斥锁,以确保在同一时间内只有一个线程能够访问共享资源或执行临界区代码。

(1) 头文件。

＃include <pthread.h>

(2) 函数声明。

int pthread_mutex_lock(pthread_mutex_t ＊mutex);

参数:

mutex:指向要锁定的互斥锁的指针。

(3) 返回值。

当 pthread_mutex_lock 函数返回时,该互斥锁已被锁定。线程调用该函数让互斥锁上锁,如果该互斥锁已被另一个线程锁定和拥有,则调用该线程将阻塞,直到该互斥锁变为可用为止。

3. pthread_mutex_unlock 函数

pthread_mutex_unlock 函数是 POSIX 线程库中的函数,用于解锁之前已经被锁定的互斥锁。互斥锁是一种同步机制,用于保护共享数据,防止多个线程同时访问造成数据不一致的问题。

(1) 头文件。

＃include <pthread.h>

(2) 函数定义。

int pthread_mutex_unlock(pthread_mutex_t ＊mutex);

参数:

mutex:指向要解锁的互斥锁的指针。

(3) 返回值。

pthread_mutex_unlock 函数在成功完成之后会返回零,其他任何返回值都表示出现了错误。

0:成功,表示互斥锁已成功解锁。

非 0 值:失败,表示解锁互斥锁时发生了错误,具体的错误码可以在<pthread.h>头文件中找到对应的宏定义。例如,EPERM 表示调用线程没有锁定该互斥锁,因此无法解锁;EINVAL 表示传递给函数的互斥锁指针无效。

4. pthread_mutex_destroy 函数

pthread_mutex_destroy 函数是 POSIX 线程库中用于销毁互斥锁的函数。它的主要作用是释放互斥锁所占用的资源,并确保该互斥锁在之后不会被再次使用,除非它被重新初始化。

(1) 头文件。

```
#include <pthread.h>
```

(2) 函数声明。

```
int pthread_mutex_destroy(pthread_mutex_t *mutex);
```

参数：

mutex：指向要销毁的互斥锁的指针。

(3) 返回值。

pthread_mutex_destroy 函数的返回值是一个整数，表示函数的执行结果。

0：成功，表示互斥锁已成功销毁。

非 0 值：失败，表示销毁互斥锁时发生了错误，具体的错误码可以在<pthread.h>头文件中找到对应的宏定义。例如，EBUSY 表示尝试销毁一个已锁定的互斥锁。

5. 线程互斥的例子

下面用 pthread_mutex_init、pthread_mutex_lock、pthread_mutex_unlock 函数来实现一个线程互斥的例子。使用 vi 创建 thread_mutex.c 文件，命令如下：

```
#vi thread_mutex.c
```

thread_mutex.c 文件代码如下：

```c
#include <pthread.h>
#include <stdio.h>
#include <stdlib.h>
int counter=0;  //定义多个线程可以共享的全局变量
pthread_mutex_t lock;
//定义线程函数
void *do_work(void *arg)
{
    pthread_mutex_lock(&lock);  //互斥锁锁定
    counter++;
    printf("Counter value: %d\n", counter);
    pthread_mutex_unlock(&lock);  //互斥锁解除锁定
    return NULL;
}
int main()
{
    pthread_t threads[2];
    //初始化互斥锁
```

```
pthread_mutex_init(&lock, NULL);
//创建 2 个线程
for(int i=0; i < 2; i++)
{
pthread_create(&threads[i], NULL, do_work, NULL);
}
//等待线程退出
for(int i=0; i < 2; i++)
{
pthread_join(threads[i], NULL);
}
//销毁互斥锁
pthread_mutex_destroy(&lock);
return 0;
}
```

程序代码解析:

这段代码是一个简单的多线程程序,使用了 POSIX 线程(pthread)库。定义了一个全局变量 counter,用于被多个线程共享。程序首先初始化了一个互斥锁 lock,然后创建了两个线程,每个线程都执行 do_work 函数。在 do_work 函数中,线程首先获取互斥锁,然后递增 counter 变量的值,并打印出来。完成这些操作后,线程释放互斥锁。主函数等待这两个线程都执行完毕后,销毁互斥锁并退出。

使用 vi 创建 Makefile 文件,命令如下:

```
# vi Makefile
```

Makefile 文件内容如下:

```
CC=gcc
CFLAGS=-o
TARGET=thread_mutex
$(TARGET):
    $(CC) $(TARGET).c $(CFLAGS) $(TARGET) -lpthread
clean:
    rm -rf *.o $(TARGET)
```

编译命令如下:

```
# make
```

编译线程互斥程序如图 11-7 所示。

图 11-7 编译线程互斥程序

运行命令如下:

#./thread_mutex

运行线程互斥程序如图 11-8 所示。

图 11-8 运行线程互斥程序

11.2.4 线程的取消

1. pthread_cancel 函数

pthread_cancel 函数是用于取消或请求终止一个正在运行的线程的函数。它是 POSIX 线程(pthread)库中提供的一个重要功能,允许程序在需要时提前结束某个线程的执行。

(1) 头文件。

#include<pthread.h>

(2) 函数定义。

int pthread_cancel(pthread_t thread)

(3) 返回值。

pthread_cancel 是线程取消函数,它发送终止信号给 thread 线程,如果成功则返回 0,否则为非 0 值。发送成功并不意味着 thread 会终止。

2. 线程取消的例子

下面用 pthread_cancel 函数来实现一个线程取消的例子。使用 vi 创建 thread_cancel.c 文件,命令如下:

#vi thread_cancel.c

thread_cancel.c 文件代码如下:

#include <stdio.h>
#include <stdlib.h>

```
#include <pthread.h>
#include <unistd.h>
//定义线程函数
void * thread_func(void * arg)
{
    //让线程打印自己的运行信息
    for (int i=0; i < 10; ++i)
    {
        printf("Thread is running (%d)...\n", i);
        sleep(1); //假设线程在这里执行一些耗时操作
    }
}
//主函数
int main()
{
    pthread_t thread_id;
    // 创建线程
    pthread_create(&thread_id, NULL, thread_func, NULL);
    // 主线程休眠3秒,然后尝试取消新创建的线程
    sleep(3);
    if (pthread_cancel(thread_id) !=0)
    {
        printf("Failed to cancel the thread\n");
    }
    else
    {
        printf("Thread was cancelled\n");
    }
    // 等待线程结束,清理资源
    pthread_join(thread_id, NULL);
    return 0;
}
```

程序代码解析:

首先,包含必要的头文件,如stdio.h、stdlib.h、pthread.h和unistd.h等。其中,stdio.h用

于输入/输出函数；stdlib.h 用于通用工具函数，尽管在这个示例中没有直接使用到；pthread.h 用于包含 POSIX 线程库的相关函数和类型定义；unistd.h 提供了对 POSIX 操作系统 API 的访问，这里主要用于 sleep 函数。

然后定义了线程函数。thread_func 是线程将要执行的函数，它接收一个 void * 类型的参数，并返回一个 void * 类型的值。在这个例子中，函数简单地打印一条消息 10 次，每次打印后休眠 1 秒。

最后定义了主函数。声明一个 pthread_t 类型的变量 thread_id，用于唯一标识线程。使用 pthread_create 函数创建一个新线程，该函数需要四个参数：线程的标识符的指针、线程属性（这里传入 NULL 表示默认属性）、线程将要执行的函数以及传递给该函数的参数（这里也传入 NULL）。主线程通过 sleep 函数休眠 3 秒，然后尝试使用 pthread_cancel 函数取消新创建的线程。如果取消成功，打印"Thread was cancelled"；如果失败，打印"Failed to cancel the thread"。使用 pthread_join 函数等待线程结束，并清理线程所使用的资源。这个函数需要两个参数：线程的标识符和一个 void * * 类型的指针，用于接收线程的返回值（这里传入 NULL，因为不关心线程的返回值）。

使用 vi 创建 Makefile 文件，命令如下：

#vi Makefile

Makefile 文件内容如下：

```
CC=gcc
CFLAGS=-o
TARGET=thread_cancel
$(TARGET):
    $(CC) $(TARGET).c $(CFLAGS) $(TARGET) -lpthread
clean:
    rm -rf *.o $(TARGET)
```

编译命令如下：

#make

编译线程取消程序如图 11-9 所示。

图 11-9　编译线程取消程序

运行命令如下：

#./thread_cancel

运行线程取消程序如图 11-10 所示。

图 11-10　运行线程取消程序

11.3　任务 3　文件操作 C 程序设计

11.3.1　文件操作的基本概念

1．文件操作的概述

在 Linux 操作系统中，文件操作是编程中不可或缺的一部分。Linux 遵循"一切皆为文件"的哲学，不仅包括普通的数据文件，还涵盖目录、设备、管道等。文件操作主要涉及文件的打开、读写、关闭等动作。C 语言通过系统调用和标准 I/O 库两种方式提供了丰富的文件操作功能。

2．文件指针和流

文件是可以永久存储的、有特定顺序的一个有序、有名称的字节组成的集合。在 Linux 操作系统中，通常能见到的目录、设备文件和管道等，都属于文件，但是具有不同的特性。ANSI 文件操作提供了一个重要的结构——文件指针 FILE。文件的打开、读写和关闭，以及其他访问都要通过文件指针完成。FILE 结构通常作为 FILE * 的方式使用，因此称为文件指针。

文件结构的定义用来记录打开文件的句柄、缓冲等信息，这些信息供以后文件操作函数使用，一般情况下用户不必关心。

当打开一个文件时，返回一个 FILE 文件指针，供以后的文件操作使用。在 ANSI 文件标准库中，文件的操作都是围绕流（stream）进行的，流是一个抽象的概念。在程序开发中，常用来描述物质从一处向另一处的流动，如从磁盘读取数据到内存或者把程序的结果输出到外部设备等，都可以形象地描述为"流"。

3．存储方式

ANSI C 规定了两种文件的存储方式：文本方式和二进制方式。文本文件也称为 ASCII 文件，每个字节存储一个 ASCII 码字符，文本文件存储量大，便于对字符操作，但是操作速度慢；二进制文件将数据按照内存中的存储形式存放，二进制文件的存储量小，存取速度快，适合存放中间结果。

在 Linux 操作系统中，文件的存放都是按照二进制方式存储的，用户在打开的时候，根据用户指定的打开方式进行存取。

4. 标准输入、标准输出和标准错误

Linux 操作系统为每个进程定义了标准输入、标准输出和标准错误 3 个文件流，也称为 I/O 数据流。系统预定义的 3 个文件流有固定的名称，因此无须创建便可以直接使用。stdin 是标准输入，默认是从键盘读取数据；stdout 是标准输出，默认向屏幕输出数据；stderr 是标准错误，默认向屏幕输出错误信息。

5. 缓冲

标准文件 I/O 库提供了缓冲机制，目的是减少外部设备的读/写次数。同时，使用缓冲也能提高应用程序的读/写性能。标准文件 I/O 提供了 3 种类型的缓冲。

(1) 全缓冲。使用这种方式，在一个 I/O 缓冲被填满后，系统 I/O 函数才会执行实际的操作。全缓冲方式通常应用在磁盘文件操作，只有当缓冲写满后才会把缓冲内的数据写入磁盘文件。

(2) 行缓冲。行缓冲顾名思义是以行为单位操作文件缓冲区。使用行缓冲方式，系统 I/O 函数在遇到换行符时会执行 I/O 操作。一般在操作终端(如标准输入和标准输出)时常使用行缓冲。

(3) 不带缓冲。标准 I/O 库不缓存任何的字符。如果使用不带缓冲的流，则相当于直接把数据通过系统调用 write 写入设备上(后面会介绍 write 系统调用)。例如，标准错误输出 stderr 就是不带缓冲的。

11.3.2 文件操作相关的系统调用

系统调用是操作系统提供给用户的接口，用于执行底层操作。在 Linux 操作系统中，文件操作相关的系统调用主要包括 open、read、write、lseek、close 等函数。

1. open 函数

open 函数的主要功能是打开一个文件，并返回一个文件描述符，这个文件描述符在后续对文件的读/写操作中会被用到。如果文件不存在，且 open 函数的调用中指定了创建文件的选项，则 open 函数还会创建这个文件。

(1) 头文件。

#include <fcntl.h>

(2) 函数声明。

int open(const char * pathname, int flags, mode_t mode);

参数：

pathname：要打开或创建的文件路径。

flags：打开文件的方式，如 O_RDONLY（只读）、O_WRONLY（只写）、O_RDWR（读写）、O_CREAT（不存在则创建）等。

mode：创建新文件时的权限，如 0644（所有者读写，组和其他用户读）。

（3）返回值。

成功时，open 函数返回一个新的文件描述符，这是一个非负整数。

出错时，open 函数返回-1，并设置全局变量 errno 以指示错误的类型。

2. read 函数

read 函数的主要功能是从打开的文件中读取数据到缓冲区。它是 UNIX 和 Linux 操作系统编程中用于文件操作的基本系统调用之一，允许程序从文件描述符指定的文件中读取数据。

（1）头文件。

#include <unistd.h>

（2）函数声明。

ssize_t read(int fd, void * buf, size_t count);

参数：

fd：文件描述符。

buf：读取数据存放的缓冲区。

count：要读取的字节数。

（3）返回值。

read 函数的返回值具有以下含义：

当读取成功时，返回实际读取到的字节数。

如果读取到文件末尾，则返回 0。

如果读取失败，则返回 -1。

3. write 函数

write 函数的主要功能是将数据从缓冲区写入打开的文件中。它是 UNIX 和 Linux 操作系统编程中用于文件操作的基本系统调用之一，允许程序向文件描述符指定的文件写入数据。

（1）头文件。

#include <unistd.h>

（2）函数声明。

ssize_t write(int fd, const void * buf, size_t count);

参数：

fd：文件描述符。

buf：指向要写入数据的缓冲区。

count：要写入的字节数。

（3）返回值。

write 函数的返回值具有以下含义：

当写入成功时，返回实际写入的字节数。

如果写入失败，则返回－1。

4. lseek 函数

lseek 函数用于移动文件读写指针的位置，即改变文件的当前偏移量。这使得程序可以访问文件的任意部分，而不是仅限于顺序读写。通过调整读写指针的位置，程序可以在文件的任意位置进行读写操作。

（1）头文件。

#include <unistd.h>

（2）函数声明。

off_t lseek(int fd, off_t offset, int whence);

参数：

fd：文件描述符。

offset：偏移量。

whence：起始位置，如 SEEK_SET（文件开头）、SEEK_CUR（当前位置）、SEEK_END（文件末尾）。

（3）返回值。

lseek 函数的返回值具有以下含义：

当调用成功时，返回当前的读写位置，即从文件开头到读写指针当前位置的字节偏移量。

如果调用失败，则返回－1。

5. close 函数

close 函数的主要功能是关闭一个已打开的文件描述符，释放它所占用的资源。当文件操作完成后，使用 close 函数可以确保文件被正确关闭，并且相关的系统资源被释放，这对于避免资源泄漏和文件损坏是非常重要的。

（1）头文件。

#include <unistd.h>

（2）函数声明。

int close(int fd);

参数：

fd：要关闭的文件描述符。

(3) 返回值。

close 函数的返回值具有以下含义:

当调用成功时,close 函数返回 0。

如果调用失败,则返回-1。

6. 文件操作相关系统调用的程序例子

文件操作相关
的系统调用

以下是一个使用文件操作相关系统调用的程序例子,该程序演示了如何打开文件、写入内容、读取内容以及关闭文件。

使用 vi 创建 system_file_operate.c 文件,命令如下:

♯vi system_file_operate.c

system_file_operate.c 文件代码如下:

```c
#include <unistd.h>
#include <fcntl.h>
#include <stdlib.h>
#include <stdio.h>
#include <string.h>
int main()
{
    int fd;
    char buffer[100];
    ssize_t bytesRead, bytesWritten;
    // 使用 open 系统调用打开文件,如果不存在则创建它
    fd=open("example.txt", O_RDWR | O_CREAT, S_IRUSR | S_IWUSR);
    if (fd==-1)
    {
        perror("打开文件失败");
        exit(EXIT_FAILURE);
    }
    // 使用 write 系统调用写入数据
    const char * data="Hello, Linux system calls!";
    bytesWritten=write(fd, data, strlen(data));
    if (bytesWritten==-1)
    {
        perror("写入文件失败");
        close(fd);
```

```c
        exit(EXIT_FAILURE);
    }
    // 将文件指针移动到文件开头
    lseek(fd, 0, SEEK_SET);
    // 使用 read 系统调用读取数据
    bytesRead=read(fd, buffer, sizeof(buffer) - 1);
    if (bytesRead==-1)
    {
        perror("读取文件失败");
        close(fd);
        exit(EXIT_FAILURE);
    }
    // 在字符串末尾添加空字符,使其成为有效的 C 字符串
    buffer[bytesRead]='\0';
    // 打印读取的数据
    printf("从文件中读取的数据:%s\n", buffer);
    // 使用 close 系统调用关闭文件
    if (close(fd)==-1)
    {
        perror("关闭文件失败");
        exit(EXIT_FAILURE);
    }
    return 0;
}
```

程序代码解析:

这个程序首先使用 open 系统调用打开(或创建)一个文件,并返回一个文件描述符 fd。然后,它使用 write 系统调用将数据写入文件。接下来,程序使用 lseek 系统调用将文件指针移动到文件的开头,以便从文件开头开始读取数据。之后,程序使用 read 系统调用从文件中读取数据,并将其存储在 buffer 数组中。最后,程序使用 close 系统调用关闭文件。

使用 vi 创建 Makefile 文件,命令如下:

```
# vi Makefile
```

Makefile 文件内容如下:

```
CC=gcc
CFLAGS=-o
```

```
TARGET=system_file_operate
$(TARGET):
    $(CC) $(TARGET).c $(CFLAGS) $(TARGET)
clean:
    rm -rf *.o $(TARGET)
```

编译命令如下：

```
#make
```

编译文件操作相关系统调用的程序如图 11-11 所示。

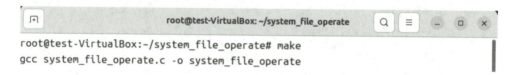

图 11-11　编译文件操作相关系统调用的程序

运行命令如下：

```
#./system_file_operate
```

运行文件操作相关系统调用的程序如图 11-12 所示。

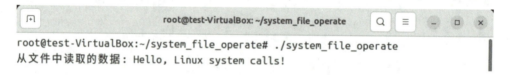

图 11-12　运行文件操作相关系统调用的程序

11.3.3　标准 I/O 库

标准 I/O 库是标准 C 库中用于文件 I/O 操作(如读文件、写文件等)相关的一系列库函数的集合。这些函数提供了比底层系统调用更高级、更方便的接口，使得文件操作更加简洁和可移植。标准 I/O 库函数通常定义在<stdio.h>头文件中，是构建于底层文件 I/O 系统调用，如 open、read、write、lseek、close 等函数之上的高级封装。

标准 I/O 库提供了丰富的函数用于文件操作，包括但不限于：

(1) 打开文件：fopen 函数用于打开文件，并返回一个指向 FILE 类型对象的指针。

(2) 关闭文件：fclose 函数用于关闭打开的文件，并释放相关资源。

(3) 读文件：fread 函数用于从文件中读取数据到缓冲区。

(4) 写文件：fwrite 函数用于将缓冲区中的数据写入文件中。

(5) 移动读写位置：fseek 函数用于设置文件的读写位置偏移量。

1. fopen 函数

fopen 函数的主要功能是打开一个指定的文件,并返回一个与该文件相关联的 FILE 指针。通过这个指针,可以使用标准 I/O 库中的其他函数对文件进行读写操作。fopen 函数允许程序员指定文件的打开模式,如只读、只写、追加等。

(1) 头文件。

#include <stdio.h>

(2) 函数声明。

FILE * fopen(const char * path, const char * mode);

参数:

path:文件路径。

mode:打开模式,如"r"(只读)、"w"(只写,若文件存在则清空)、"a"(追加)等。

fopen 函数的 mode 参数说明如表 11-2 所示。

表 11-2　fopen 函数的 mode 参数说明

mode 参数	说　　明
r 或 rb	为读打开文件
w 或 wb	为写打开文件,并把文件长度置为 0(清空文件)
a 或 ab	在文件结尾添加打开
r+或 r+b 或 rb+	为读和写打开
w+或 w+b 或 wb+	为写打开文件,并把文件长度置为 0(清空文件)
a+或 a+b 或 ab+	在文件结尾读写打开

(3) 返回值。

fopen 函数的返回值具有以下含义:

当文件成功打开时,fopen 函数返回一个指向 FILE 类型对象的指针,该指针与打开的文件相关联。

如果文件打开失败,则返回 NULL。

2. fread 函数

fread 函数的主要功能是从指定的文件流中读取数据,并将读取的数据存储到指定的内存缓冲区中。它允许程序员指定要读取的元素数量和每个元素的大小,从而灵活地读取文件中的数据。

(1) 头文件。

#include <stdio.h>

(2) 函数声明。

size_t fread(void * ptr, size_t size, size_t nmemb, FILE * stream);

参数：

ptr：指向读取数据存放的缓冲区。

size：每个数据项的大小。

nmemb：要读取的数据项数量。

stream：文件指针。

(3) 返回值。

fread 函数的返回值具有以下含义：

当读取操作成功时，fread 函数返回实际读取的元素数量。如果到达文件末尾，这个数量可能小于请求的数量。

如果发生错误或文件末尾之前没有任何数据可读，则可能返回 0。

需要注意的是，fread 函数的返回值类型是 size_t，这是一个无符号整数类型，表示读取的元素数量。

3. fwrite 函数

fwrite 函数的功能是将数据从指定的内存缓冲区写入文件流中。它允许程序员精确控制要写入的元素数量以及每个元素的大小，使得文件写入操作既灵活又高效。

(1) 头文件。

｜include <stdio.h>

(2) 函数声明。

size_t fwrite(const void * ptr, size_t size, size_t nmemb, FILE * stream);

参数：

ptr：指向要写入数据的缓冲区。

size：每个数据项的大小。

nmemb：要写入的数据项数量。

stream：文件指针。

(3) 返回值。

fwrite 函数的返回值具有以下含义：

当写入操作成功完成时，fwrite 函数会返回实际写入的元素数量。这个数量可能与请求的数量相同，也可能因为某些原因（如磁盘空间不足）而较少。

如果在写入过程中遇到错误，则函数可能会返回一个小于请求元素数量的值，甚至可能返回 0。

需要特别注意的是，fwrite 函数的返回值类型是 size_t，这是一个无符号整数类型，用于表示写入的元素数量。

4. fseek 函数

fseek 函数的主要功能是移动文件内的指针到一个指定的位置。这个函数允许程序员改变当前文件操作的起点,从而可以从文件的任何位置开始读写数据。

(1) 头文件。

#include <stdio.h>

(2) 函数声明。

int fseek(FILE * stream, long offset, int whence);

参数:

stream:指向 FILE 类型对象的指针,表示要操作的文件流。

offset:表示相对于 whence 参数指定的位置,指针要移动的字节数。这个值可以是正数、负数或零。

whence:指定 offset 是相对于文件中的哪个位置。它可以是 SEEK_SET(文件开头)、SEEK_CUR(当前位置)或 SEEK_END(文件末尾)。

(3) 返回值。

fseek 函数的返回值具有以下含义:

当文件指针成功移动时,fseek 函数返回 0。

如果发生错误,则函数返回非零值。

5. fclose 函数

fclose 函数的主要功能是关闭一个已打开的文件流,并释放与之相关的所有资源。在文件操作完成后,使用 fclose 函数可以确保文件数据正确写入磁盘,并避免资源占用。

(1) 头文件。

#include <stdio.h>

(2) 函数声明。

int fclose(FILE * stream);

参数:

stream:文件指针。

(3) 返回值。

fclose 函数的返回值具有以下含义:

当文件流成功关闭时,fclose 函数会返回 0。

如果关闭文件流时遇到错误,则函数会返回 EOF(通常是 −1)。

6. 标准 I/O 库的程序例子

以下是一个具体的程序示例,该程序演示了如何利用标准 I/O 库中的函数来执行文件的打开、写入、读取以及关闭操作。

标准 I/O 库

使用 vi 创建 file_operate.c 文件,命令如下:

#vi file_operate.c

file_operate.c 代码如下:

```c
#include <stdio.h>
#include <stdlib.h>
int main()
{
    FILE *fp;
    char buffer[100];
    // 尝试以写入模式("w")打开文件
    fp=fopen("example.txt","w");
    if (fp==NULL)
    {
        perror("文件打开失败");
        exit(EXIT_FAILURE);
    }
    // 向文件中写入数据
    const char *data="Hello, Standard I/O Library!";
    fprintf(fp, "%s\n", data);
    // 关闭文件
    fclose(fp);
    // 尝试以读取模式("r")重新打开文件
    fp=fopen("example.txt","r");
    if (fp==NULL)
    {
        perror("文件打开失败");
        exit(EXIT_FAILURE);
    }
    // 从文件中读取数据
    if (fgets(buffer, sizeof(buffer), fp) !=NULL)
    {
        printf("从文件中读取的数据：%s", buffer);
    }
    else
    {
        printf("读取文件时出错或文件为空。\n");
    }
    // 关闭文件
    fclose(fp);
    return 0;
}
```

程序代码解析：

在这个示例程序中，首先尝试以写入模式"w"打开文件 example.txt，并检查文件是否成功打开。接着，使用 fprintf 函数向文件中写入一段文本数据。完成写入操作后，关闭文件以确保数据被正确保存。

随后，再次以读取模式"r"打开该文件，并使用 fgets 函数从文件中读取文本数据，将其存储在 buffer 数组中。最后，打印出从文件中读取的数据，并在完成读取操作后关闭文件。

使用 vi 创建 Makefile 文件，命令如下：

♯vi Makefile

Makefile 文件内容如下：

CC＝gcc
CFLAGS＝-o
TARGET＝file_operate
$(TARGET)：
    $(CC) $(TARGET).c $(CFLAGS) $(TARGET)
clean：
    rm -rf *.o $(TARGET)

编译命令如下：

♯make

编译标准 I/O 库程序如图 11-13 所示。

图 11-13　编译标准 I/O 库程序

运行命令如下：

♯./file_operate

运行标准 I/O 库程序如图 11-14 所示。

图 11-14　运行标准 I/O 库程序

11.4 任务4 网络通信C程序设计

11.4.1 Socket套接字简介

Socket套接字是网络通信的基石,它提供了一种机制,允许位于不同主机上的进程之间进行数据交换。Socket实际上是一个编程接口(API),而不是一个协议,通过它可以实现TCP、UDP等多种协议的数据传输。在Linux操作系统中,几乎所有的网络通信程序都是基于Socket进行开发的。

TCP协议(传输控制协议)是互联网中一种核心的传输层协议,它提供了一种面向连接的、可靠的字节流服务。TCP协议在通信双方之间建立连接时,会进行三次握手过程以确保双方都已准备好进行数据传输。一旦连接建立,TCP会负责将应用层的数据分割成适当大小的段,并为每个段添加TCP头部,形成TCP报文段进行发送。TCP还负责确认接收方已成功接收到数据,如果数据传输过程中出现错误、丢失或重复,TCP会负责重传数据,以确保数据的完整性和可靠性。此外,TCP还通过流量控制和拥塞控制机制,调整数据的发送速率,以避免网络拥塞。总体来说,TCP协议通过其复杂的机制,为应用程序提供了一种稳定、可靠的数据传输服务,是互联网中不可或缺的一部分。无论是在网页浏览、文件传输还是在线游戏等应用中,TCP都发挥着重要的作用,确保数据的准确传输和通信的可靠性。

UDP协议(用户数据报协议)是互联网中的一种传输层协议,与TCP协议不同,它提供了一种无连接的服务。这意味着在数据传输之前,不需要像TCP那样建立连接。UDP协议的主要特点是简单和高效,由于它省去了建立连接和确认数据接收等复杂过程,因此在某些对实时性要求较高的应用场景中表现出色,如视频会议、实时游戏和流媒体等。然而,UDP协议并不保证数据的可靠性、顺序性或去重。如果网络出现拥塞或错误,UDP数据包可能会丢失、重复或乱序到达。因此,使用UDP协议的应用程序需要自己实现数据确认、重传和排序等机制,以确保数据的完整性和可靠性。尽管UDP协议在某些方面不如TCP协议可靠,但由于其简单和高效的特点,仍然在许多实时性要求较高的应用场景中发挥着重要作用。总体来说,UDP协议是互联网中不可或缺的一部分,为那些对实时性要求较高而可以容忍一定数据丢失的应用提供了有力的支持。

Socket编程主要涉及以下几个关键的函数。

(1) socket函数:创建一个新的socket。

(2) bind函数:将socket与特定的IP地址和端口号绑定。

(3) listen函数:使socket处于监听状态,准备接收客户端的连接请求。

(4) accept函数:接受客户端的连接请求,创建一个新的socket用于与客户端通信。

(5) connect函数:客户端使用此函数与服务器建立连接。

(6) send 函数:用于数据的发送。

(7) recv 函数:用于数据的接收。

(8) close 函数:关闭 socket。

1. socket 函数

socket 函数是网络通信编程中最基本的函数之一,它的主要功能是创建一个新的socket 描述符,用于后续的网络通信操作。这个 socket 描述符是一个整数值,它代表了网络通信的一个端点,可以通过它发送和接收数据。

(1) 头文件。

在 Linux 操作系统中,使用 socket 函数需要包含以下头文件:

#include <sys/socket.h>

此外,根据具体的网络通信协议(如 TCP/IP),可能还需要包含其他相关的头文件,例如:

#include <netinet/in.h> // 对于 Internet 地址族
#include <arpa/inet.h> // 对于 IP 地址转换函数

(2) 函数声明。

int socket(int domain, int type, int protocol);

参数:

domain:指定协议族,常用的有 AF_INET(IPv4 协议)和 AF_INET6(IPv6 协议)。

type:指定 socket 类型,常用的有 SOCK_STREAM(流式 socket,用于 TCP 协议)和 SOCK_DGRAM(数据报式 socket,用于 UDP 协议)。

protocol:指定具体的协议,通常设置为 0,表示自动选择 domain 和 type 对应的默认协议。

(3) 返回值。

当 socket 函数成功执行时,它返回一个非负整数的 socket 描述符,用于后续的网络通信操作。

如果执行失败,则返回 -1。

2. bind 函数

bind 函数在网络通信编程中扮演着将 socket 与特定的 IP 地址和端口号绑定的角色。一旦 socket 与地址及端口号成功绑定,该 socket 便能在指定的网络接口上监听来自该地址和端口号的连接请求或数据。

(1) 头文件。

#include <sys/socket.h>

(2) 函数声明。

int bind(int sockfd, const struct sockaddr * addr, socklen_t addrlen);

参数：

sockfd：代表待绑定的 socket 描述符，该描述符由先前的 socket 函数创建。

addr：是一个指向 sockaddr 结构的指针，该结构包含了 socket 的 IP 地址和端口号等网络信息。

addrlen：指定了 addr 结构的大小。

(3) 返回值。

当 bind 函数执行成功时，它会返回 0。

若执行失败，则返回 −1。

3. listen 函数

listen 函数在网络通信编程中用于使服务器端的 socket 进入监听状态，准备接收来自客户端的连接请求。当 socket 被设置为监听状态后，它就能够接受来自客户端的连接，并为每个连接创建一个新的 socket。

(1) 头文件。

#include <sys/socket.h>

(2) 函数声明。

int listen(int sockfd, int backlog);

参数：

sockfd：是待监听的 socket 描述符，该描述符由之前的 socket 函数创建并绑定到特定的 IP 地址和端口号。

backlog：指定了内核应该为相应 socket 排队的最大连接个数。当有新的连接请求到来且队列已满时，客户端可能会收到一个错误信息。

(3) 返回值。

当 listen 函数成功执行时，它返回 0。

如果执行失败，则返回 −1。

4. accept 函数

accept 函数在网络通信编程中扮演着至关重要的角色，主要用于接受来自客户端的连接请求。当服务器端的 socket 处于监听状态时，accept 函数能够捕获到客户端的连接请求，并为该连接创建一个新的 socket，以便服务器能够与客户端进行通信。

(1) 头文件。

#include <sys/socket.h>

(2) 函数声明。

int accept(int sockfd, struct sockaddr *addr, socklen_t *addrlen);

参数：

sockfd：表示处于监听状态的 socket 描述符，该描述符由 socket 函数创建，并通过 bind

和 listen 函数进行配置。

addr:是一个指向 sockaddr 结构的指针,该结构用于存储客户端的地址信息。如果此参数非空,则 accept 函数会填充该结构以反映客户端的地址。

addrlen:是一个指向 socklen_t 类型变量的指针,它表示 addr 结构的大小。在函数返回时,该变量会被更新为实际使用的地址长度。

(3) 返回值。

当 accept 函数成功执行时,它会返回一个新的 socket 描述符,该描述符与客户端的连接相关联。

如果执行失败,则返回-1。

5．connect 函数

connect 函数在网络通信编程中用于客户端,主要功能是建立与服务器端的连接。当客户端调用 connect 函数并指定服务器端的 IP 地址和端口号后,该函数会尝试与服务器端建立 TCP 连接。

(1) 头文件。

#include <sys/socket.h>

(2) 函数声明。

int connect(int sockfd, const struct sockaddr * addr, socklen_t addrlen);

参数:

sockfd:是客户端的 socket 描述符,该描述符由之前的 socket 函数创建。

addr:是一个指向 sockaddr 结构的指针,该结构包含了服务器端的 IP 地址和端口号。

addrlen:指定了 addr 结构的大小。

(3) 返回值。

当 connect 函数成功执行时,它返回 0,表示客户端与服务器端成功建立了连接。

如果执行失败,则返回-1。

6．send 函数

send 函数在网络通信编程中负责发送数据。无论是客户端还是服务器端,在建立了 socket 连接之后,都可以使用 send 函数来向对端发送数据。它负责将数据从应用程序的缓冲区发送到 socket 连接的对端,实现了网络通信中的数据发送功能。

(1) 头文件。

#include <sys/socket.h>

(2) 函数声明。

ssize_t send(int sockfd, const void * buf, size_t len, int flags);

参数:

sockfd:表示已建立连接的 socket 描述符,该描述符标识了发送数据的 socket。

buf：是一个指向数据缓冲区的指针，该缓冲区包含了要发送的数据。

len：指定了要发送的数据的长度，即缓冲区中数据的字节数。

flags：提供了控制发送操作的选项，通常设置为 0，表示使用默认选项。

（3）返回值。

当 send 函数成功执行时，它会返回实际发送的字节数。

如果执行失败，则返回－1。

7. recv 函数

recv 函数在网络通信编程中负责接收数据。无论是客户端还是服务器端，在建立了 socket 连接之后，都可以使用 recv 函数来从对端接收数据。它负责从 socket 连接的对端接收数据，并将数据存放到应用程序指定的缓冲区中，实现了网络通信中的数据接收功能。

（1）头文件。

＃include ＜sys/socket.h＞

（2）函数声明。

ssize_t recv(int sockfd, void * buf, size_t len, int flags);

参数：

sockfd：表示已建立连接的 socket 描述符，该描述符标识了接收数据的 socket。

buf：是一个指向数据缓冲区的指针，该缓冲区用于存放从对端接收到的数据。

len：指定了缓冲区的长度，即最多可以接收多少字节的数据。

flags：提供了控制接收操作的选项，通常设置为 0，表示使用默认选项。

（3）返回值。

当 recv 函数成功执行时，它会返回实际接收到的字节数。

如果执行失败，则返回－1。

如果对端已经关闭连接，并且所有可用数据都已经接收完毕，recv 函数将返回 0，表示没有更多的数据可以接收。

8. close 函数

close 函数在网络通信编程中用于关闭一个已打开的 socket 连接。无论是客户端还是服务器端，在完成数据传输后，都需要调用 close 函数来关闭 socket，以释放系统资源。关闭 socket 后，该 socket 描述符将不再关联任何网络连接，且不能再用于数据传输。

（1）头文件。

＃include ＜unistd.h＞

（2）函数声明。

int close(int fd);

参数：

fd：表示要关闭的文件描述符，对于 socket 编程来说，它就是要关闭的 socket 描述符。

(3) 返回值。

close 函数的返回值如下：

当 close 函数成功执行时，它返回 0。

如果执行失败，则返回-1。

基于 TCP 的网络
通信程序设计

11.4.2 基于 TCP 的网络通信程序设计

基于 TCP 的网络通信程序通常包括客户端和服务器端两部分。下面是一个简单的基于 TCP 的网络通信程序例子，用于演示客户端和服务器端之间的基本通信过程。

1. TCP 服务器端程序

服务器端程序的主要任务是创建 socket，绑定地址和端口，监听连接，接受连接，接收数据，发送响应，并最后关闭连接。

使用 vi 创建 tcp_server.c 文件，命令如下：

```
# vi tcp_server.c
```

tcp_server.c 代码如下：

```c
#include <stdio.h>
#include <stdlib.h>
#include <string.h>
#include <unistd.h>
#include <sys/socket.h>
#include <netinet/in.h>
#define PORT 8080 //TCP 服务器端口为 8080
#define BUF_SIZE 1024
int main()
{
    int server_fd, client_fd;
    struct sockaddr_in server_addr, client_addr;
    socklen_t client_addr_size;
    char buffer[BUF_SIZE];
    int str_len;
    // 创建 socket
    server_fd=socket(PF_INET, SOCK_STREAM, 0);
    if (server_fd==-1)
    {
        perror("socket() error");
```

```
        exit(1);
}
// 初始化地址结构体
memset(&server_addr, 0, sizeof(server_addr));
server_addr.sin_family=AF_INET;
server_addr.sin_addr.s_addr=htonl(INADDR_ANY);
server_addr.sin_port=htons(PORT);
// 绑定本地地址和端口
if (bind(server_fd, (struct sockaddr *)&server_addr, sizeof(server_addr))==-1)
{
        perror("bind() error");
        exit(1);
}
// 监听连接
if (listen(server_fd, 5)==-1)
{
        perror("listen() error");
        exit(1);
}
// 接受连接
client_addr_size=sizeof(client_addr);
client_fd=accept(server_fd, (struct sockaddr *)&client_addr, &client_addr_size);
if (client_fd==-1)
{
        perror("accept() error");
        exit(1);
}
// 接收数据
str_len=read(client_fd, buffer, BUF_SIZE);
printf("Received: %s\n", buffer);
// 发送响应
write(client_fd, "Hello, Client!", 14);
```

```
    // 关闭连接
    close(client_fd);
    close(server_fd);
    return 0;
}
```

程序代码解析：

在这个例子中，服务器端程序首先创建一个 socket，并将其绑定到一个本地地址和端口上。然后，它监听来自客户端的连接请求，并接受一个连接。一旦连接建立，服务器端程序就读取客户端发送的数据，发送一个响应，然后关闭连接。

使用 vi 创建 Makefile 文件，命令如下：

vi Makefile

Makefile 文件内容如下：

```
CC=gcc
CFLAGS=-o
TARGET=tcp_server

$(TARGET):
    $(CC) $(TARGET).c $(CFLAGS) $(TARGET)
clean:
    rm -rf *.o $(TARGET)
```

编译命令如下：

make

编译 TCP 服务器程序如图 11-5 所示。

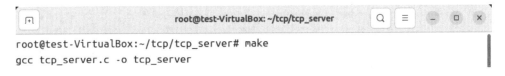

图 11-15　编译 TCP 服务器程序

2. TCP 客户端程序

客户端程序的主要任务是创建 socket，连接服务器，发送数据，接收响应，并最后关闭连接。

使用 vi 创建 tcp_client.c 文件，命令如下：

vi tcp_client.c

tcp_client.c 代码如下：

```c
#include <stdio.h>
#include <stdlib.h>
#include <string.h>
#include <unistd.h>
#include <sys/socket.h>
#include <arpa/inet.h>
#define PORT 8080  //TCP 服务器端口为 8080
#define BUF_SIZE 1024
int main()
{
    int sock;
    struct sockaddr_in server_addr;
    char message[BUF_SIZE];
    int str_len;
    // 创建 socket
    sock=socket(PF_INET, SOCK_STREAM, 0);
    if (sock==-1)
    {
        perror("socket() error");
        exit(1);
    }
    // 初始化地址结构体
    memset(&server_addr, 0, sizeof(server_addr));
    server_addr.sin_family=AF_INET;
    server_addr.sin_addr.s_addr=inet_addr("127.0.0.1");
    server_addr.sin_port=htons(PORT);
    // 连接服务器
    if (connect(sock, (struct sockaddr *)&server_addr, sizeof(server_addr))==-1)
    {
        perror("connect() error");
        exit(1);
    }
    // 发送数据
```

```
        strcpy(message, "Hello, Server!");
        write(sock, message, strlen(message));
        // 接收响应
        str_len=read(sock, message, BUF_SIZE);
        printf("Received: %s\n", message);
        // 关闭连接
        close(sock);
        return 0;
}
```

程序代码解析：

客户端程序也创建一个 socket，并连接到服务器端的地址和端口。一旦连接建立，客户端程序就发送一条消息给服务器，然后读取服务器的响应，并最后关闭连接。

使用 vi 创建 Makefile 文件，命令如下：

```
# vi Makefile
```

Makefile 文件内容如下：

```
CC=gcc
CFLAGS=-o
TARGET=tcp_client
$(TARGET):
    $(CC) $(TARGET).c $(CFLAGS) $(TARGET)
clean:
    rm -rf *.o $(TARGET)
```

编译命令如下：

```
# make
```

编译 TCP 客户端程序如图 11-16 所示。

图 11-16　编译 TCP 客户端程序

3. 测试 TCP 服务器程序和 TCP 客户端程序的通信

测试过程：首先运行 TCP 服务器程序，然后运行 TCP 客户端程序。

服务器端程序首先创建一个 socket，并将其绑定到一个本地地址和端口上。然后，它监听来自客户端的连接请求,并接受一个连接。一旦连接建立,服务器端程序就读取客户端发送的数据,发送一个响应,然后关闭连接,如图11-17所示。

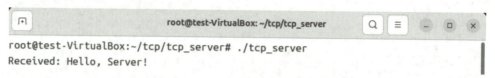

图 11-17　TCP 服务器程序运行结果

客户端程序也创建一个socket,并连接到服务器端的地址和端口。一旦连接建立,客户端程序就发送一条消息给服务器,然后读取服务器的响应,并最后关闭连接,如图11-18所示。

图 11-18　TCP 客户端程序运行结果

11.4.3　基于 UDP 的网络通信程序设计

基于UDP的网络通信程序设计与基于TCP的程序有所不同,因为UDP是一个无连接的协议,它不提供像TCP那样的可靠数据传输服务。在UDP中,数据包的发送和接收是独立的,没有建立连接的过程。下面是一个简单的基于UDP的网络通信程序例子,包括服务器端和客户端两部分。

1. UDP 服务器程序

服务器端程序的主要任务是创建socket,绑定地址和端口,接收数据,并最后关闭socket。

使用vi创建udp_server.c文件,命令如下:

```
#vi udp_server.c
```

基于 UDP 的网络通信程序设计

udp_server.c代码如下:

```c
#include <stdio.h>
#include <stdlib.h>
#include <string.h>
#include <unistd.h>
#include <sys/socket.h>
#include <netinet/in.h>
#include <arpa/inet.h>
#define PORT 8080  //UDP 服务器端口
#define BUF_SIZE 1024
```

```c
int main()
{
    int server_fd;
    struct sockaddr_in server_addr, client_addr;
    socklen_t client_addr_size;
    char buffer[BUF_SIZE];
    int str_len;
    // 创建 socket
    server_fd=socket(PF_INET, SOCK_DGRAM, 0);
    if (server_fd==-1)
    {
        perror("socket() error");
        exit(1);
    }
    // 初始化地址结构体
    memset(&server_addr, 0, sizeof(server_addr));
    server_addr.sin_family=AF_INET;
    server_addr.sin_addr.s_addr=htonl(INADDR_ANY);
    server_addr.sin_port=htons(PORT);
    // 绑定地址和端口
    if (bind(server_fd, (struct sockaddr *)&server_addr, sizeof(server_addr))==-1)
    {
        perror("bind() error");
        exit(1);
    }
    // 接收数据
    client_addr_size=sizeof(client_addr);
    str_len = recvfrom(server_fd, buffer, BUF_SIZE, 0, (struct sockaddr *)&client_addr, &client_addr_size);
    printf("Received: %s\n", buffer);
    // 关闭 socket
    close(server_fd);
    return 0;
}
```

程序代码解析:

在这个例子中,服务器端程序首先创建一个 UDP socket,并将其绑定到一个本地地址和端口上。然后,它等待并接收来自客户端的数据。一旦数据到达,服务器就读取数据并打印出来,然后关闭 socket。

使用 vi 创建 Makefile 文件,命令如下:

♯vi Makefile

Makefile 文件内容如下:

```
CC=gcc
CFLAGS=-o
TARGET=udp_server
$(TARGET):
    $(CC) $(TARGET).c $(CFLAGS) $(TARGET)
clean:
    rm -rf *.o $(TARGET)
```

编译命令如下:

♯make

编译 UDP 服务器程序如图 11-19 所示。

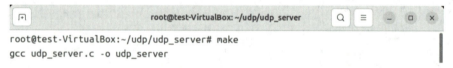

图 11-19

2. UDP 客户端程序

客户端程序的主要任务是创建 socket,发送数据到服务器,并最后关闭 socket。

使用 vi 创建 udp_client.c 文件,命令如下:

♯vi udp_client.c

udp_client.c 代码如下:

```
#include <stdio.h>
#include <stdlib.h>
#include <string.h>
#include <unistd.h>
#include <sys/socket.h>
#include <arpa/inet.h>
#define PORT 8080 //UDP 服务器端口
```

```c
#define BUF_SIZE 1024
int main()
{
    int sock;
    struct sockaddr_in server_addr;
    char message[BUF_SIZE];
    int str_len;
    // 创建 socket
    sock=socket(PF_INET, SOCK_DGRAM, 0);
    if (sock==-1)
    {
        perror("socket() error");
        exit(1);
    }
    // 初始化地址结构体
    memset(&server_addr, 0, sizeof(server_addr));
    server_addr.sin_family=AF_INET;
    server_addr.sin_addr.s_addr=inet_addr("127.0.0.1");
    server_addr.sin_port=htons(PORT);
    // 发送数据
    strcpy(message, "Hello, Server!");
    sendto(sock, message, strlen(message), 0, (struct sockaddr *)&server_addr, sizeof(server_addr));
    // 关闭 socket
    close(sock);
    return 0;
}
```

程序代码解析：

客户端程序也创建一个 UDP socket，并发送一条消息到服务器的地址和端口。发送完消息后，客户端就关闭 socket。

使用 vi 创建 Makefile 文件，命令如下：

```
# vi Makefile
```

Makefile 文件内容如下：

```
CC=gcc
CFLAGS=-o
TARGET=udp_client
$(TARGET):
    $(CC) $(TARGET).c $(CFLAGS) $(TARGET)
clean:
    rm -rf *.o $(TARGET)
```

编译命令如下：

```
#make
```

编译 UDP 客户端程序如图 11-20 所示。

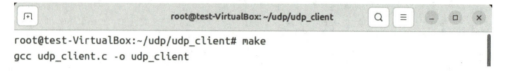

图 11-20　编译 UDP 客户端程序

3. 测试 UDP 服务器程序和 UDP 客户端程序的通信

测试过程：首先运行 UDP 服务器程序，然后运行 UDP 客户端程序。

服务器端程序首先创建一个 UDP socket，并将其绑定到一个本地地址和端口上。然后，它等待并接收来自客户端的数据。一旦数据到达，服务器就读取数据并打印出来，然后关闭 socket，如图 11-21 所示。

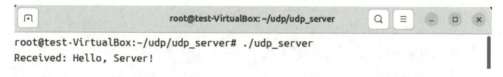

图 11-21　UDP 服务器程序运行结果

客户端程序也创建一个 UDP socket，并发送一条消息到服务器的地址和端口。发送完消息后，客户端就关闭 socket。

参 考 文 献

[1] 梁玲,钟小平.Ubuntu Linux 操作系统[M].北京:人民邮电出版社,2023.

[2] 姚友军.Ubuntu 操作系统教学演示环境搭建的意义与实现[J].电脑编程技巧与维护,2024(7):55-57.

[3] 崔升广.Ubuntu Linux 操作系统项目教程[M].北京:人民邮电出版社,2022.

[4] 张平.Ubuntu Linux 操作系统案例教程[M].北京:人民邮电出版社,2021.

[5] 千锋教育高教产品研发部.Linux 操作系统实战[M].北京:人民邮电出版社,2021.

[6] 何晓龙.完美应用 Ubuntu[M].北京:电子工业出版社,2021.

[7] 芮敏华,陈潇.Ubuntu Linux 操作系统的维护技术研究[J].数码世界,2020(6):58.

[8] 吴扬磊,刘丞基,祝元仲.基于 Ubuntu 的无盘工作站搭建[J].信息技术与信息化,2018,(8):12-15+18.

[9] 吴宗键.基于 Ubuntu 的 Unix 服务器管理系统开发[J].软件,2018,39(2):157-160.

[10] 王亚军.Ubuntu Linux 操作系统的维护技术[J].电脑知识与技术,2017,13(29):245-246.